咖啡馆
超人气轻食简餐
248 款

[日]瑞希 著　　马达 译

中国轻工业出版社

目 录

PART / 6

男生超喜欢的大分量菜

PART / 7

蔬菜+肉
2种食材的简单小菜

PART / 8

美味又好做的小菜和汤

PART / 9

黄金比例万能酱汁

PART / 10

咖啡馆必点人气甜品

PART / 11

人人喜爱的芝士蛋糕

PART / 12

简单美味的冰甜品

专栏

本书使用说明

▶ 1大勺=15mL、1小勺=5mL。

▶ 鸡蛋选普通大小的即可。

▶ 调味料中的"少许"指大拇指和食指2根手指捏起的量，"1小捏"是指大拇指、食指和中指3根手指捏起的量。

▶ 需要泡发的明胶粉或明胶颗粒，应按照说明书上的时间用水泡发。

▶ 黄油选择有盐或无盐均可。

▶ 用微波炉加热时以600W为基准，如果用500W加热，时间增为原来的1.2倍；如用700W加热，时间调整为原来时间的0.8倍。根据不同机型会稍有不同。

▶ 吐司机以1000W为基准。

▶ 微波炉、吐司机和烤箱都应以机器的使用说明为标准，并且使用耐高温容器。

PART 1

CAFE POPULAR MENU

最具人气的咖啡馆料理

这是我收集的咖啡馆里最受欢迎的菜品集合，
把店铺里的菜品稍做调整，
就可以在家里轻松实现。
让我们来一起试一试吧！

汁水满满的招牌炸鸡块 ♡

咖啡馆无法撼动的点单率第一名，在网络上也备受网友喜爱，
也是我做得最棒的一款炸鸡。

数万人想要的
食谱！

材料 （4人份）

鸡胸肉…2块（500g）
盐、黑胡椒…各适量
　　清酒…3大勺
　　酱油…2大勺
　　蒜泥、姜泥…各1小勺
　　香油…2小勺
蛋液…1个鸡蛋的量
淀粉、色拉油、欧芹碎（选用）…
　　各适量

做法

1 用叉子在鸡胸肉正反两面扎出小孔
 ⓐ，然后切成3cm见方的块，放入碗
 中，撒盐和黑胡椒，加入材料A，搅拌
 均匀后放置30分钟。

2 将步骤1的鸡胸肉加入蛋液中搅匀 ⓑ，
 然后再滚上一层淀粉 ⓒ。

3 油温加热到170℃，将鸡肉块炸熟后捞
 出沥油，盛盘后撒盐和黑胡椒调味，
 撒欧芹碎。

小贴士

ⓐ 鸡胸肉用叉子扎出小孔是
 为了将纤维破坏，起到软
 化肉质的作用。

ⓑ 给鸡胸肉裹上蛋液不仅可
 以增加肉中的汁水，还可
 以提鲜。

ⓒ 裹上淀粉后，鸡胸肉炸出
 来非常酥脆。如果喜欢口
 感更软，可以在淀粉里加
 一点儿低筋面粉。

材料（4人份）

洋葱…1½个
混合肉馅 ⓐ …250g
盐曲…1大勺
A｜黑胡椒、肉蔻粉…各适量
木棉豆腐…200g
色拉油…适量
　　水…80mL
　　日式伍斯特中浓酱…2大勺
　　番茄酱…1大勺
B　白砂糖…1½小勺
　　酱油、蜂蜜…各1小勺
　　法式浓汤颗粒…1½小勺
黄油（或人造黄油）…1大勺
小叶芹（选用）…适量

做法

洋葱切碎备用。

将混合肉馅和盐曲放入碗中，搅拌均匀。放入材料A和木棉豆腐，用手将豆腐捏成碎末并与肉馅混合均匀 ⓑ 。加入洋葱碎，搅拌均匀后冷藏10分钟。

3　将混合好的豆腐肉馅分成4等份，做成汉堡排的形状。锅中倒入适量色拉油，中火加热，放入汉堡排，煎至焦香上色后翻面，盖上盖子，小火煎熟后盛盘。

4　将平底锅中剩余的油用纸巾擦干，加入材料B，煮至黏稠后关火，放入黄油，化开后将酱汁浇在汉堡排上。最后可放小叶芹装饰和提香。

○人气○
第 **2** 位

盐曲豆腐汉堡排 ♡

食材的一半是豆腐，一款非常健康的汉堡排。而且口感非常扎实，男生也能吃饱。

小贴士

ⓐ 猪肉馅的口感较清爽，鸡肉馅的口感更松软。

ⓑ 可以利用豆腐本身所含水分拌馅，所以豆腐无须控水。洋葱无须炒制，生洋葱即可。

最棒的炸鸡天妇罗 ♡

日本大分县的特产，彻底颠覆了人们认为鸡胸肉干柴的印象，
是我个人非常喜欢的一道料理！

材料（4人份）

鸡胸肉…2块（500g）
盐、黑胡椒…各适量

- 酱油…2大勺
- 蒜泥、姜泥、清酒、
  香油a…各1大勺
- 白砂糖a…1小勺
- 水…½杯
- 天妇罗粉…10大勺
- 淀粉…2大勺

色拉油…适量

【醮汁】

黄芥末柚子醋（柚子醋、
  黄芥末酱）…适量

做法

1. 用叉子在鸡胸肉正反两面扎出小孔，然后片成1cm厚的片，放入碗中，撒盐和黑胡椒。加入材料A，混合揉匀后静置1小时以上。

2. 将材料 混合，做成天妇罗面衣b，裹在步骤1的鸡胸肉上。锅中倒油，油温加热至170℃，放入裹好面衣的鸡胸肉油炸，直至油的气泡变小。盛盘后搭配黄芥末柚子醋c。

小贴士

ⓐ 加白砂糖是为了保留鸡肉中的汁水，加香油可以软化肉质，防止肉变柴。

ⓑ 在天妇罗粉中加一点儿淀粉，可以使天妇罗口感更酥脆。面衣的质地需要黏稠一点儿。

ⓒ 在日本当地，这道菜一定要配黄芥末柚子醋。如果配天妇罗蘸汁的话，可以适当加重味道。

蛋黄酱天妇罗虾 ♡

将虾开背后油炸，更增添了料理的分量感。特制的甜口酱汁也非常美味！

材料 （4人份）

带壳虾…12只

A
蛋黄酱…5~6大勺
牛奶…1½大勺
炼乳、番茄酱…各1大勺
盐、黑胡椒…各适量

B
天妇罗粉…6大勺
淀粉…2大勺
水…½杯

色拉油…适量

做法

1 虾去壳，留最后一节虾壳，开背后去虾线ⓐ。将材料A放入碗中搅拌均匀ⓑ，做成甜口酱汁。

2 将材料B混合均匀，做成面衣，将虾背部展开，裹上面衣。

3 将油加热至170℃，放入裹好面衣的虾，炸至酥脆后捞出控油。

4 将炸好的虾放入步骤1的碗中，拌匀后盛盘，将碗里剩下的酱汁浇在虾上。

小贴士

ⓐ 虾开背后用水清洗的同时去虾线，这样就不用专门用竹签挑虾线了。开背虾炸后显得更有分量感。

ⓑ 如果想要酱汁更浓厚，可以适当增加酱汁的分量。

还可以搭配圆白菜丝或生菜叶一起吃哦

小贴士

ⓐ 茄子用盐水泡过后不易吸油。

超美味咖喱肉末茄子饭 ♡

稍微加入一点儿辣味，特别下饭。可以用咖喱粉来调节辣度。

材料 （4人份）

洋葱…1个
茄子…3个
色拉油…适量
蒜泥…1小勺
猪肉馅…200g
盐、黑胡椒…各少许

A
水…½杯
番茄酱、日式伍斯特中浓酱…各2大勺
白砂糖…1½大勺
咖喱粉、酱油…各1大勺

姜泥…少许
杂粮米饭（或白米饭）…2碗
欧芹碎（选用）…适量

做法

1 洋葱切碎备用。茄子切滚刀块，放入盐水中泡5分钟后捞出，控水ⓐ。

2 平底锅热油，放入蒜泥和洋葱碎，翻炒出香味后放入猪肉馅，翻炒均匀，加入盐和黑胡椒。

3 猪肉馅变色后放入茄子炒软，加入材料A，翻炒收汁，最后加入姜泥。

4 将杂粮米饭盛盘，倒入炒好的咖喱肉末茄子，撒上欧芹碎。

甜中带辣

佐贺特色西西里牛肉饭 ♡

西西里牛肉饭在日本佐贺非常有名。
用烤肉酱作酱汁，做法简单便捷。

材料 （2人份）

红叶生菜…5片
小番茄…6个
牛肉片…200g
色拉油…适量
蒜泥…1小勺
A ┃ 烤肉酱汁…4大勺
  ┃ 味酥…½大勺
米饭…2碗
蛋黄酱、欧芹碎…各适量

做法

1 将红叶生菜撕成适口大小，小番茄切成两半，牛肉片切小块。

2 平底锅热油，放入蒜泥和牛肉片翻炒。牛肉变色后放入材料 a ，翻炒片刻。

3 将米饭盛盘，将步骤2的牛肉和汤汁一起盛盘，放入步骤1的红叶生菜和小番茄。最后挤上蛋黄酱，撒欧芹碎。

小贴士

a 辣度中等的烤肉酱最常用，可根据酱汁的辣度来调整味酥的用量。

墨西哥甜辣肉末饭 ♡

墨西哥式甜辣口味的肉末和大量的蔬菜，既能勾起食欲又营养均衡，满满一大碗，是一款非常简单的咖啡馆料理。

材料 （2人份）

红叶生菜…5片
小番茄…6个
色拉油…适量
蒜泥…少许
混合肉馅（或猪肉馅）…200g

A
| 番茄酱…3大勺
| 伍斯特酱…1大勺
| 白砂糖…1小勺
| 盐、黑胡椒…各少许

米饭…2碗
比萨用芝士…4大勺
干欧芹碎（选用）…适量

做法

1 将红叶生菜撕成适口大小，小番茄切成两半。
2 平底锅热油，放入蒜泥炒出香味后放入混合肉馅翻炒 ⓐ，肉馅变色后加入材料A，继续翻炒，收汁 ⓑ。
3 米饭盛盘，铺上红叶生菜，倒入炒好的肉馅，摆上小番茄和芝士，最后撒上欧芹碎。

小贴士
ⓐ 如果炒肉馅时出了很多油，在加入材料A前，要用厨房纸巾吸油。
ⓑ 如果喜欢吃辣，可以尝试加一点儿咖喱粉或辣椒粉调味。

非常适合夏天享用

超级下饭的炸猪块 ♡

炸得酥脆的猪肉块裹上甜辣口味的酱汁，还搭配了好多蔬菜，快来享用吧！

材料 （4人份）

猪肉片 ⓐ…400g

A
| 清酒…3大勺
| 蒜泥、姜泥…各2小勺

B
| 水…5大勺
| 酱油…4大勺
| 白砂糖…3大勺
| 味醂…1大勺

白芝麻、淀粉、色拉油…各适量
C | 白芝麻、黑胡椒碎…各适量

做法

1 将猪肉片放入碗中，加入材料A，混合均匀。将材料B倒入锅中，煮沸后加入白芝麻。
2 将猪肉片展开后裹上淀粉 ⓑ。在170℃的热油中放入猪肉片，炸至酥脆后捞出控油。
3 将材料B再次煮开，倒入刚炸好的猪肉片，使其均匀裹上酱汁。盛盘后根据个人口味撒上材料C。

作为下酒菜也很合适

小贴士
ⓐ 用猪里脊肉或五花肉都可以。
ⓑ 将猪肉片展开会更易入味。

名古屋风味甜辣炸鸡 ♡

既下饭又下酒，即使凉了也很好吃，所以很适合做成便当。

材料 （4人份）

鸡胸肉（或鸡腿肉）…
　　2块（500g）
A | 清酒…1大勺
　 | 蒜泥…1小勺
淀粉…2大勺
色拉油…适量
B | 酱油…3大勺
　 | 白砂糖、清酒、味醂…
　 | 各2大勺
白芝麻…适量

做法

1 用叉子在鸡胸肉正反两面扎
　出小孔，切成适口大小 。
　将切好的鸡胸肉装在保鲜袋
　里，倒入材料A，混合均匀
　后加入淀粉，再次揉匀。

2 中火热油，放入腌好的鸡胸
　肉，煎至金黄色后翻面。盖
　上盖子，小火再煎5分钟ⓑ。

3 用厨房纸巾将锅里多余的油
　吸净，倒入材料B，煮至黏
　稠。盛盘后撒上白芝麻。

> **小贴士**
> ⓐ 如果鸡胸肉较厚，需要用
> 　刀片开，并保持厚度均
> 　等，这样容易掌握火候。
> ⓑ 盖上锅盖后煎制，鸡胸肉
> 　能吸收蒸发的水分，口感
> 　更松软。

> 一瞬间就可以
> 做好的一道菜！

鲜嫩多汁的棒棒鸡 ♡

只要掌握技巧，就可以将美味大大提升！做出来
的鸡肉鲜嫩多汁。

材料 （4人份）

盐渍海蜇、黄瓜…各适量
鸡胸肉…1片（250g）
清酒…2大勺
小番茄…7个
A | 白芝麻…2大勺
　 | 白砂糖…1大勺
　 | 味噌、醋、蛋黄酱、酱油、
　 | 香油…各1大勺
　 | 豆瓣酱（或辣椒油）…适量
白芝麻…适量

做法

1 将盐渍海蜇洗净，用水浸泡，
　去除盐分。黄瓜切粗丝ⓐ。

2 将鸡胸肉放入锅中，倒入清
　酒和水，没过鸡胸肉表面，
　开火煮沸后转小火ⓑ。用筷
　子将鸡胸肉分成两半，肉煮
　至还有一点儿粉色时关火，
　放在锅中静置，冷却后撕成
　条ⓒ。

3 将黄瓜、小番茄、鸡丝、海
　蜇按顺序盛盘。将材料A混
　合后浇在上面，撒上白芝麻。

> **小贴士**
> ⓐ 黄瓜切得有一定厚度，吃
> 　起来口感更好。
> ⓑ 用清酒以及低温烹饪，可
> 　以使鸡肉更加鲜嫩。
> ⓒ 煮剩的汤汁里含有大量肉
> 　汁精华，加一点儿盐和鸡
> 　精，又可以做出一道汤。

> 鸡肉煮多了也可
> 以冷冻保存！

甜味浓郁的关西土豆烧肉 ♡

我妈妈最喜欢的一道菜，也成了我的拿手好菜。关西风味甜口炖菜，非常适合作为餐厅的招牌菜。

材料 （4人份）

土豆ⓐ…4个
胡萝卜…1根
荷兰豆…8根
洋葱…1个
魔芋丝…1袋
牛肉片…200g
色拉油…适量

A
水…1½杯
白砂糖…3大勺
清酒…2大勺
味醂…1大勺
木鱼素…1小勺

酱油…3大勺
昆布茶粉（选用）…少许

做法

1 土豆削皮后切成适口大小，浸泡在水里。胡萝卜削皮后切滚刀块，荷兰豆去筋，洋葱切丝，魔芋丝焯水，牛肉片切小块。

2 平底锅热油，放入牛肉片翻炒变色后放入土豆、胡萝卜和洋葱翻炒。

3 将材料A倒入锅中，加入魔芋丝，盖一层锡纸，中火煮10分钟ⓑ。再加入酱油、昆布茶粉和荷兰豆，盖上锡纸盖，小火煮至荷兰豆变软即可。

小贴士

ⓐ 粉糯的土豆很容易煮烂，脆硬一点儿的土豆更适合做这道菜。

ⓑ 魔芋里含有使肉质变硬的成分，炖煮时将两者稍分开较好。

小贴士

ⓐ 盐的量需要边尝味道边调节，也可以用法式高汤素代替。如果配着蛋黄酱和番茄酱吃，要注意控制盐分。

ⓑ 也可以用培根代替火腿。

超级粉糯的土豆球 ♡

只要吃一口，就会被这粉糯的感觉征服。圆滚滚的小球，很受小孩子们的欢迎。

材料 （4人份）

土豆（大个）…1个（200g）

A
淀粉…1½大勺
蛋黄酱…1小勺
盐ⓐ…适量

火腿ⓑ、色拉油…各适量

做法

1 土豆削皮，切成适口大小，用耐热保鲜膜包裹后放入微波炉，600W加热3分钟。趁热捣成土豆泥，加入材料A，混合均匀后放切碎的火腿，团成直径2cm的球形。

2 锅中倒入1.5cm高的色拉油，油温170℃时放入土豆球，炸至金黄色后捞出即可。

即使放凉了也很软糯

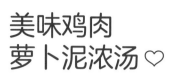
平底锅也能做

美味鸡肉
萝卜泥浓汤 ♡

萝卜泥有软化肉质的作用，和鸡肉一起
煮，汁水更丰富。吃完连汤汁都剩不下！

材料（2人份）

鸡腿肉（或鸡胸肉）…1块
淀粉…适量
白萝卜…1段（10cm）
蟹味菇…1包
色拉油…2大勺

A
水…1½杯
蘸面汁（2倍浓缩）…2大勺
酱油、味醂…各1大勺
木鱼素…1½小勺
姜末…少许

小葱末、辣椒丝（选用）…
各适量

做法

1 用叉子将鸡腿肉正反两面都
扎出小孔，然后片成1cm厚
的片，裹上薄薄的一层淀
粉。将白萝卜擦成泥，蟹味
菇去根后分成小朵。

2 中火热油，将鸡腿肉煎至金黄
色后翻面，用厨房纸巾吸去
多余油分，放入萝卜泥、蟹
味菇和材料A，小火将鸡肉
煮熟即可 a。

3 盛盘，按个人喜好撒上小葱
末和辣椒丝即可。

小贴士
a 煮的过程中汤汁会慢慢
变稠。

小贴士
a 鸡腿肉裹上一层低筋面
粉，更容易挂上酱汁。
b 在这之后还要煮一段时
间，所以这个步骤无须将
肉完全炒熟。

番茄酱红烩鸡 ♡

复制食堂里最受欢迎的番茄酱红烩鸡，非常受小朋友和男生们
的欢迎。

材料（4人份）

洋葱…1个
西蓝花…1½个
鸡腿肉（或鸡胸肉）…2块（500g）
低筋面粉、色拉油…各适量

A
水…1½杯
番茄酱…4大勺
白砂糖、酱油、日式伍斯特
中浓酱、清酒…各1大勺
法式浓汤素…1小勺

鲜奶油（选用）…适量

做法

1 洋葱切丝。西蓝花分成小
朵，用盐水焯一下。鸡腿肉
切成适口大小，裹上一层薄
薄的低筋面粉 a。

2 中火热油，放入鸡腿肉，煎至
金黄色后翻面，推到锅的一
边，锅的另一边放入洋葱，炒
软后和鸡肉混合翻炒 b。

3 加入材料A，小火煮10分钟
后盛盘，摆上西蓝花，淋上
鲜奶油。

配面包或米饭
都不错

韩式炸鸡风味甜辣鸡 ♡

甜辣的韩式辣酱让人食欲大开，这道菜的制作非常简单便捷。

无须油炸，
操作简单

材料 （4人份）

鸡腿肉（或鸡胸肉）ⓐ…2块（500g）

A　清酒…1大勺
　　盐、黑胡椒…各少许

淀粉、色拉油…各3大勺

B　酱油、白砂糖、味醂、香油、
　　韩式辣酱ⓑ、番茄酱…
　　各1大勺
　　蒜泥…1小勺

白芝麻…适量

做法

1 鸡腿肉切成适口大小，装入保鲜袋
　中，倒入材料A，混合揉匀后加入淀
　粉，再揉匀。

2 中火热油，放入鸡腿肉，煎至金黄色
　后翻面，盖上盖，小火煎至熟透。

3 用厨房纸巾吸走多余油分，加入材料
　B，收汁后盛盘，撒上白芝麻。

小贴士

ⓐ 如果用鸡胸肉的话，最好
　在切之前用叉子将正反面
　扎上小孔。

ⓑ 喜欢偏辣口味的话，可以
　加2大勺韩式辣酱。

酸甜照烧鸡块 ♡

在万能照烧酱汁（见P120）中加一点儿醋，就做成酸甜照烧汁了。
这道鸡肉既简单又分量十足。

材料 （4人份）

鸡腿肉（或鸡胸肉）…2块（500g）
淀粉、色拉油…各适量
A ┃ 万能照烧酱汁（见P120）…4大勺
　 ┃ 醋…1大勺
塔塔酱（见P128）…适量
欧芹碎（选用）…适量

做法

1 将鸡腿肉厚的部分用刀片开，用叉子在
　正反两面都扎出小孔，切成适口大小，
　裹上一层薄薄的淀粉。
2 中火热油，将鸡肉皮朝下放入锅中，
　煎至焦脆的金黄色后翻面，盖上盖
　子，小火煎5分钟。
3 用厨房纸巾吸去多余油分，倒入材料
　A，煮至留有一点儿酱汁 ⓐ 时盛盘，搭
　配塔塔酱，撒上欧芹碎。

小贴士

ⓐ 酸味加热后会挥发，最后
转变为甜味。如果喜欢酸
酸的味道，可以多加一点
儿醋。

外焦里糯的炸薯饼 ♡

比起炸薯条，我更爱炸薯饼，用芝士粉或法式浓汤素调味更好吃，非常适合当早餐或零食小点。

材料（2人份）

土豆…3个（350g）
水…1大勺
A ┤ 淀粉…1大勺
　　盐…⅓小勺
色拉油…3大勺

做法

1 土豆去皮，切成5mm见方的小丁 。放入碗中，加水，盖上耐热保鲜膜后放入微波炉，600W加热6分钟。
2 加入材料A，边搅拌边将土豆碾成泥。将土豆泥分成8等份，团成扁圆形 ⓑ。
3 平底锅热油，放入土豆饼，表面炸脆后翻面，炸至金黄色后捞出控油即可。

小贴士

ⓐ 土豆切好后不要用水洗，以免流失过多的淀粉，导致不易成形。
ⓑ 土豆泥塑形时可以将手蘸点儿水或油，这样就不易粘手了。

外面焦脆，内部软糯

小贴士

ⓐ 鸡胸肉切薄片后很容易熟，切记不要煎太久，以免影响口感。

非油炸蛋黄酱鸡胸 ♡

将深受人喜爱的蛋黄酱虾换成低成本的鸡胸，搭配甜口的蛋黄酱，既下饭又下酒。

材料（4人份）

鸡胸肉…2块（500g）
A ┤ 清酒…1大勺
　　盐、黑胡椒…各少许
淀粉…3大勺
　　蛋黄酱…7大勺
B ┤ 牛奶…2大勺
　　炼乳、番茄酱…各1½大勺
　　盐、黑胡椒…各少许
豆苗（选用）、色拉油…各适量
辣椒粉（选用）…适量

做法

1 用叉子将鸡胸肉正反面都扎出小孔，片成薄片 ⓐ 后装入保鲜袋中，倒入材料A，混合揉匀。再倒入淀粉揉匀。豆苗去根。
2 平底锅热油，放入鸡胸肉，煎至金黄色后翻面，盖上盖再煎5分钟。
3 鸡胸肉熟后取出，将材料B混合均匀，与鸡胸肉拌匀。依个人口味撒辣椒粉。盛盘后撒上豆苗。

汁水充盈的鸡胸肉，好吃得停不了口

操作简单的黄油咖喱鸡 ♡

黄油咖喱鸡一直给大家一种操作很复杂的印象，实际上非常简单。加点儿酸奶或鲜奶油，味道更香醇。

材料（2人份）

鸡腿肉（或鸡胸肉）…1块（350g）

A｜ 原味酸奶（无糖）…¾杯
　｜ 蒜泥、姜泥…各少许

洋葱…1个

黄油、咖喱粉…各2大勺

B｜ 番茄罐头（切块）…
　｜ 　　1罐（400g）
　｜ 白砂糖…1½大勺
　｜ 法式浓汤素…1大勺

鲜奶油…1杯

米饭…2碗

做法

1 鸡腿肉切成适口大小，放到保鲜袋中，倒入材料A充分揉匀，冷藏静置1小时以上。洋葱切丝。

2 中火加热黄油，放入洋葱丝炒软，撒入咖喱粉，小火炒匀后将鸡肉和酱汁一起倒入锅中，翻炒约5分钟。加入材料B，用中小火煮15分钟，最后加入鲜奶油，再煮5分钟。

3 米饭盛盘，将做好的黄油咖喱鸡浇在米饭上。

浓郁的美味

小贴士

ⓐ 如果喜欢口感清淡一点儿，可以只用2片火腿，中间夹上芝士。加一点儿罗勒，瞬间就有了意式的味道。

ⓑ 如果面衣有剩余，可以再多做一两个芝士火腿排，或用来炸别的东西。

低成本高质量的
千层芝士火腿排 ♡

火腿和芝士层叠在一起，刚炸好的芝士香滑浓郁，非常适合下酒。

材料（2人份）

芝士片…3片
火腿片…8片
【面衣】
　｜ 蛋液…1个鸡蛋的量
　｜ 低筋面粉…4大勺
　｜ 水…2大勺
　｜ 盐、黑胡椒…各少许
面包糠、色拉油…各适量

做法

1 将芝士片撕成小块。将火腿片分成2份，每份4片。在4片火腿中间夹适量芝士片ⓐ。像这样做成2份。

2 在碗中混合面衣材料。将步骤1的芝士火腿放入面衣中裹匀，然后再裹上面包糠ⓑ。

3 将裹好面包糠的芝士火腿放入170℃的热油中，炸至金黄色。

☑ 操作便捷的面衣

通常应按照裹低筋面粉、蛋液、面包糠的顺序制作炸物，如果提前做好面衣，就可以省略到只需2步。如果面衣不够了，只需加点儿水和低筋面粉即可。为了节约成本，可不用再加蛋液。

鸡肉爱好者最爱的
上校鸡块 ♡

口感清爽、余味无穷。用鸡胸肉比鸡肉馅更有口感，
还可以冷冻保存，非常适合做便当。

小贴士

ⓐ 在低筋面粉中加入少许淀粉，炸出来的鸡肉更酥脆。

ⓑ 肉用刀剁成粗一点儿的肉馅，这步是关键，这样炸出来的鸡块口感非常有弹性。

ⓒ 留出一半的鸡肉球，加入1勺芝士粉，又是一道芝士上校鸡块。

材料 （3人份）

鸡胸肉…2块（500g）

A
| 蛋黄酱、低筋面粉…各3大勺
| 清酒…1大勺
| 法式浓汤素…1½小勺
| 蒜泥…1小勺

B
| 低筋面粉…5大勺
| 淀粉ⓐ…1大勺

色拉油、烧烤酱、蜂蜜黄芥末酱
（见P128）…各适量

做法

1 鸡胸肉去皮、切碎，用刀剁成肉馅ⓑ。倒入碗中，加入材料A，搅拌至有黏性。

2 在另一碗中放入材料B，混合均匀ⓒ。用大勺沾水后挖勺鸡肉馅，裹上淀粉，再用手团成小球，然后放入170℃的热油中炸至金黄色。捞出后控油，盛盘，搭配烧烤酱和蜂蜜黄芥末酱。

茄子金枪鱼
蛋黄酱芝士烧 ♡

做法超简单，用微波炉或烤箱就能搞定。还可以把
茄子换成南瓜或土豆，也很好吃。

用吐司烤箱
超便捷

材料 （19cm×14cm大小容器，1个）

茄子…2根（200g）
小番茄…6个
金枪鱼罐头（油渍）…1罐（80g）

A ｜ 味噌、蛋黄酱、味醂…各1大勺
　｜ 白砂糖…½大勺

比萨用芝士…4大勺
面包糠…1大勺
欧芹（选用）…适量

做法

1. 茄子切成1cm厚的片，小番茄对半切开。
2. 将茄子摆入容器中，盖上耐热保鲜膜，用微波炉600W加热2分钟。
3. 将金枪鱼罐头沥油后与材料A混合，浇在茄子上，再放入芝士和小番茄，撒上面包糠，放入吐司烤箱，1000W加热10分钟至出焦香味ⓐ。根据个人口味撒上欧芹。

小贴士

ⓐ 芝士化开后烤焦的速度很快，中途要用锡纸盖住，防止烤焦。

无须腌制的蛋黄酱盐酥鸡 ♡

味道不太一样的盐酥鸡，在鸡肉里加点儿蛋黄酱，肉质会变得更柔软，味道也更香醇。

材料 （4人份）

鸡胸肉…2块（500g）

A
┃ 蛋黄酱…1½大勺
┃ 清酒、香油…各1大勺
┃ 蒜泥、姜泥、鸡精…
┃ 　各2小勺
┃ 盐、黑胡椒ⓐ…各适量

淀粉、色拉油…各适量

做法

1. 用叉子将鸡胸肉正反两面都扎出小孔，切成1cm宽的条。
2. 将鸡胸肉条放入保鲜袋，倒入材料A，混合揉匀ⓑ。
3. 将淀粉倒在盘子里，将鸡胸肉条逐个裹上淀粉，放入170℃的热油中炸至金黄酥脆ⓒ。

小贴士

ⓐ 盐和黑胡椒可以适当多放点儿。

ⓑ 为了能让鸡肉更好地入味，请隔着袋子揉搓至少50下。

ⓒ 最后可以根据个人口味搭配蛋黄酱或柠檬汁，撒点儿黑胡椒也不错。

很快就熟了，不要炸过头

充满回忆的甜辣可乐饼 ♡

外婆做的甜辣可乐饼一直是我最喜欢的味道。以前餐厅里只要午餐有甜辣可乐饼，一定是最早售罄的一款。

材料 （8个）

土豆…5~6个（600g）
洋葱…1个
【面衣】
┃ 蛋液…1个鸡蛋的量
┃ 低筋面粉…5大勺
┃ 水…2½大勺
┃ 盐、黑胡椒…各少许
猪肉馅…200g

A
┃ 白砂糖…2½大勺
┃ 酱油…2大勺

盐、黑胡椒…各少许
牛奶…2大勺
面包糠、色拉油、欧芹碎（选用）…各适量

做法

1. 土豆削皮后切成适口大小，盖上耐热保鲜膜，放入微波炉，600W加热8分钟。趁热将土豆捣碎。洋葱切碎。将面衣材料在碗中混合备用。
2. 平底锅热油，放入洋葱和猪肉馅，猪肉馅变色后加入材料A，炒至收汁。盛出后加入土豆、盐、黑胡椒和牛奶，搅拌均匀。
3. 放凉后用手将土豆泥整成椭圆形，依次裹上面衣和面包糠ⓐ。
4. 将可乐饼放入170℃的热油中炸至金黄色ⓑ。捞出控油后盛盘，撒上欧芹碎。

小贴士

ⓐ 如果时间充裕，可以将面衣放入冰箱冷藏后再使用，这样可乐饼炸过后，外层的面包糠就不易脱落了。

ⓑ 因为可乐饼已经调过味了，所以可以先试试什么都不加的原味。

简易版鸡肉叉烧 ♡

香甜浓郁的鸡肉叉烧，做好后既可马上吃，也可冷藏保存四五天。非常适合作常备菜。

材料 （4人份）

鸡胸肉…2块（600g）
色拉油…适量

A
酱油…½杯
清酒…80mL
白砂糖…60g
醋…20mL
味酥…1大勺

煮鸡蛋…4个

做法

1. 用叉子将鸡胸肉正反两面扎出小孔。
2. 平底锅热油，将鸡胸肉两面煎至上色。倒入材料A，盖上盖子，中小火煮30分钟，中途翻几次面。
3. 将煮好的鸡胸肉连汤汁一起倒入可密封的保鲜袋中，再放入煮鸡蛋，密封后冷藏静置一晚，想吃时拿出来切片即可。

味道非常
香甜浓郁

小贴士

ⓐ 可以淋上酱汁马上享用，或者切薄片后在酱汁里泡5分钟后再吃。

简单又美味的酱油鸡翅根 ♡

照烧风味的鸡翅根和吸足了酱汁的鸡蛋简直太美味啦！不管做了多少次，总惦记着还要吃。

材料 （4人份）

鸡翅根…12个

A
酱油…½杯
清酒…80mL
味酥…20mL
白砂糖…4大勺
醋…2大勺

煮鸡蛋…4个
色拉油…适量
葱花、辣椒丝（选用）…各适量

做法

1. 平底锅热油，将鸡翅根整体煎至上色。
2. 加入材料A，中小火慢煮。煮的过程中翻动鸡翅根，让不同部位均匀加热。25分钟后加入煮鸡蛋，继续煮至快要收汁时关火。
3. 盛盘，根据个人口味撒上葱花和辣椒丝。

酱汁
超级好吃

材料 （16cm×12cm的容器1个）

洋葱…1小个
西蓝花…6小朵
黄油（或人造黄油）…30g
虾仁…10只
低筋面粉…3大勺
牛奶…1½杯
　┃法式浓汤素…1½小勺
　┃盐、黑胡椒…各适量
比萨用芝士…4大勺
面包糠…适量

做法

1. 洋葱切丝。西蓝花分成小朵，用盐水焯1分钟后过冷水。
2. 将黄油放入平底锅中，化开后放入洋葱炒软。放入虾仁轻炒几下后关火。撒入低筋面粉，搅拌均匀后再开小火炒1分钟左右，至面粉消失。
3. 开中火，一点点加入牛奶，混合均匀。煮至黏稠后放入材料A，煮沸后立即关火，盛入容器中，放入西蓝花，撒上比萨用芝士和面包糠，放入吐司烤箱，1000W加热5分钟，烤至芝士表面焦香。

芝士焗烤虾仁西蓝花 ♡

刚烤好的芝士还烫嘴，边吹边吃，让人心急的美味！富有弹性的虾仁和鲜美的西蓝花，让人非常满足！

咖啡厅的美味味噌汤

午餐套餐里的味噌汤看着不起眼，却也是花费一番工夫做出来的。
只要记住这些，就可以轻松做出基础款味噌汤和韩式大酱汤了。

味噌汤好喝的小秘密♡

客人好评最多的一款味噌汤。最后加一点点酱油，是美味的小秘密。

材料（4人份）

香葱…3根
香菇…2个
金针菇…½袋
油豆皮…1片
A 水…3½杯
   清酒…1大勺
   木鱼素…1小勺
味噌ⓐ…3½大勺
酱油…1小勺

做法

1 香葱切葱花，香菇去根、切薄片，金针菇去根，油豆皮去油后切成1cm宽的三角形。
2 将材料A倒入锅中，煮沸后加入步骤1中的材料ⓑ，煮软后放入味噌，慢慢化开。
3 汤沸腾前关火，淋入酱油ⓒ。

用这个方法煮粥也可以

小贴士

ⓐ 如果选用的味噌盐分含量较高，建议把清酒换成味醂，酱油换成蘸面汁。
ⓑ 如果有偏硬难煮的食材，可以在加材料A时一起放入锅里。
ⓒ 最后加一点儿酱油可以增加汤的鲜味。

小贴士

ⓐ 可以用豆瓣酱或韩式辣酱代替七味粉，如果不喜欢吃辣，不加也可以的，清淡的芝麻味噌汤也非常好喝。

今晚来一碗韩式大酱汤♡

微辣的芝麻味噌味韩式大酱汤，加点儿猪肉进去也非常好喝，一定要试着做一次。

材料（4人份）

韭菜…½把
豆芽…1袋
A 水…3½杯
   清酒…1大勺
   木鱼素…1小勺
B 味噌…3½大勺
   白芝麻碎…2大勺
   酱油、香油（选用）…各1小勺
   蒜泥…½小勺
   七味粉ⓐ…少许

做法

1 韭菜切适当长度。
2 将豆芽和材料A一起放入锅中，煮至沸腾后放入韭菜，煮软后加入材料B，搅拌均匀。

PART 2

CAFE DELI SALAD

咖啡馆时尚简餐沙拉

简餐沙拉好看又好吃，深受大家喜爱。

西式、日式、中式、韩式……

不仅味道丰富，看起来也绚丽多彩。

如果在小菜上还拿不定主意，就看看这一章吧。

一定有一款适合你。

虾仁西蓝花鸡蛋混合沙拉 ♡

虾仁、西蓝花还有鸡蛋，这三者非常适合搭配在一起。加一点儿醋和白砂糖，拌匀后淋上一点儿蛋黄酱就大功告成了。

材料（4人份）

煮鸡蛋…2个
西蓝花…1个
虾仁…10只

A | 蛋黄酱…4大勺
白砂糖、醋…各1小勺
盐、黑胡椒…各适量
黄芥末酱…少许

做法

1 煮鸡蛋切块，西蓝花分成小朵，用盐水焯2分钟后擦干水分。虾仁煮3分钟后擦干水分。

2 将材料A倒入碗中，混合均匀。放入煮鸡蛋，搅拌均匀。最后放入虾仁和西蓝花，拌匀即可。

苹果红薯蜂蜜沙拉♡

用酸奶和蜂蜜制成酱汁，制作一款甜品沙拉。软糯香甜的红薯和口感爽脆的苹果混合在一起，有趣又美味。

材料（4人份）

苹果…½个
红薯…1个（250g）

A | 原味酸奶（无糖）…2大勺
蜂蜜、蛋黄酱…各1大勺
盐、黑胡椒…各适量
细叶芹（选用）…适量

做法

1 苹果带皮切小块，在盐水中泡3分钟后沥干水分。红薯去皮后切成1cm见方的块，在水中泡5分钟后用微波炉600W加热3分钟，放凉 ⓐ。

2 将材料A放入碗中混合均匀，加入苹果和红薯搅拌均匀。盛盘，根据个人口味放上细叶芹。

小贴士

ⓐ 红薯不要烹制得过软，以免影响造型和口感。

029

小贴士

ⓐ 为了防止芝士化开，要等南瓜和红薯块放凉了再加入。

小贴士

ⓐ 可以用烤得焦脆的培根代替火腿，也非常美味。
ⓑ 冷藏一晚，入味后放在法棍或吐司上，做成三明治也不错。

不停想吃的
南瓜红薯沙拉 ♡

请一定要做一次！不管做多少次都非常喜欢的一道沙拉。加入鸡蛋、芝士和炼乳是这道沙拉美味的关键。

材料 （4人份）

南瓜…¼个（300g）
红薯…1个（150g）
煮鸡蛋…2个
比萨用芝士…适量
A
　蛋黄酱…3大勺
　黄芥末酱…2小勺
　炼乳…1大勺
　盐、黑胡椒…各适量
干欧芹碎（选用）…适量

做法

1 南瓜去子，带皮切成1cm见方的块。红薯带皮切成比南瓜小一点儿的块。将南瓜和红薯块放到碗里，盖上耐热保鲜膜，用微波炉600W加热6分钟，放凉。

2 在碗里放入煮鸡蛋，用叉子碾碎，放入比萨用芝士和材料A，混合并搅拌均匀ⓐ。盛盘，根据个人口味撒上干欧芹碎。

想抱在怀里吃的
圆白菜混合沙拉 ♡

好吃到想把沙拉碗抱在怀里大快朵颐，加了一点儿火腿的微甜沙拉。

材料 （简单易做的量）

圆白菜…½个
胡萝卜…½根
火腿ⓐ…4片
玉米粒罐头（整粒）…4大勺
A
　蛋黄酱…4大勺
　醋、白砂糖…各2小勺
　盐、黑胡椒…各适量

做法

1 将圆白菜和胡萝卜切碎，撒盐，变软后用水冲洗，控干水分。火腿切小块。

2 将步骤1的材料放入碗中混合均匀，放入玉米粒和材料A，搅拌均匀ⓑ。

小贴士

ⓐ 加入黄芥末酱更能增添风味，不加也很好吃。

ⓑ 不要将红薯过度加热，搅拌时容易碎，不成形。

ⓒ 不管是常温还是冷藏，都非常美味。

小贴士

ⓐ 南瓜不要加热得太软，以免影响口感。

红薯甜点沙拉 ♡

红薯点缀着红色的皮很可爱，像是一道甜点。是咖啡馆里经常出现的一款简单又好做的沙拉。

材料（简单易做的量）

红薯…1根（300g）

A
蛋黄酱…3大勺
炼乳…1½大勺
黄芥末酱ⓐ…⅓小勺
盐、黑胡椒…各少许

干欧芹碎（选用）…适量

做法

1 红薯切成粗丝，用水浸泡片刻后放入碗中，覆盖一层耐热保鲜膜，用微波炉600W加热4分钟ⓑ，放凉。

2 红薯放凉后倒入材料A拌匀。装盘，撒上干欧芹碎ⓒ。

> 奶香十足，真好吃！

南瓜甜点沙拉 ♡

做法只需2步，微波炉加热后的南瓜和调料混合在一起，搅拌即可。餐桌上有了它，瞬间就显得很豪华。

材料（简单易做的量）

南瓜…¼个（350g）

A
蛋黄酱…2大勺
白砂糖…½大勺
盐、黑胡椒、
黄芥末酱…各少许

做法

1 南瓜带皮切成2cm见方的块，冲一下水后放入碗中，盖上耐热保鲜膜，用微波炉600W加热7分钟ⓐ。

2 将加热后的南瓜与材料A混合，搅拌均匀。

> 色彩丰富，非常适合做便当

031 ·

味道神奇的
咖啡馆土豆沙拉 ♡

在咖啡馆吃过一次，觉得特别好吃便复制了一下。这道沙拉关键在于调味，少量的蛋黄酱可以减少热量摄入。

材料 （4人份）

土豆…3个
胡萝卜…½根
黄瓜…1根
火腿…4片
煮鸡蛋…2个
洋葱…¼个

| A | 醋、白砂糖ⓐ…各1小勺
蛋黄酱…2大勺
牛奶ⓑ…1大勺
黄芥末酱ⓒ…⅓小勺
盐、黑胡椒…各适量 |

做法

1 土豆削皮后切成适口大小。胡萝卜削皮后切成扇形片。黄瓜切成半圆片，撒盐，变软后用水冲洗，沥干水分。火腿和煮鸡蛋切小块。洋葱切丝，用水浸泡后沥干水分ⓒ。

2 土豆和胡萝卜用沸水煮软，将煮过的土豆放入小碗中，趁热捣碎。放入材料A，搅拌均匀。

3 将剩余食材一起放入碗中，混合拌匀即可。

浓香黄油味
法式土豆沙拉 ♡

店庆时做的特制土豆沙拉，一点儿也不输给招牌土豆沙拉，非常美味。

材料 （4人份）

土豆…3个
洋葱…½个
培根…2片
黄油（或人造黄油）…1大勺

| A | 法式浓汤素…1小勺
大蒜粉（选用）…少许 |
| B | 蛋黄酱…2大勺
盐、黑胡椒…各少许
颗粒黄芥末酱、
黑胡椒…各适量 |

欧芹碎（选用）…适量

做法

1 土豆用水煮熟后去皮，捣碎。洋葱和培根切碎。

2 黄油加热后放入洋葱和培根，加入材料A翻炒。

3 将步骤1～2中的食材以及材料B在碗中混合均匀。盛盘，撒上欧芹碎。

小贴士

ⓐ 将豆芽、胡萝卜还有炸豆皮一起焯水，可以节省步骤和时间。豆芽焯水后，本身的水分会流失一部分，所以会变得脆脆的。

不一样的日式
芝麻味噌醋拌豆芽 ♡

比普通的醋渍小菜味道更浓厚，又比普通的醋味噌多了几分淡雅。食材可以根据个人口味更改，炸豆皮就非常不错。

材料（简单易做的量）

黄瓜…1根
炸豆皮…1片
胡萝卜…⅓根
豆芽…1袋

A 醋…4大勺
白砂糖…3½大勺
白芝麻碎…3大勺
味噌…1大勺
黄芥末酱…少许

白芝麻…适量

做法

1 黄瓜切薄片，撒盐，变软后用水冲洗，挤干水分。炸豆皮切成适口大小。胡萝卜切细丝，和豆芽一起焯一下ⓐ，水沸腾前加入炸豆皮，然后捞出沥水。

2 将材料A放入碗中混合均匀，加入步骤1中的材料和白芝麻，一起混合拌匀。

> 非常适合下酒

芝麻蛋黄酱味
和风金枪鱼白萝卜沙拉 ♡

在清爽的白萝卜沙拉中加一点儿金枪鱼，变成一道新的小菜。用味道浓郁的芝麻蛋黄酱进行调味的和风沙拉。

材料（简单易做的量）

白萝卜…½根
水晶菜…¼把
金枪鱼罐头（油渍）…
　1小罐（80g）

A 蛋黄酱…2½大勺
白芝麻…1大勺
蘸面汁…2小勺
黄芥末酱（选用）…
　⅓小勺
盐、黑胡椒…各适量

白芝麻（选用）…适量

做法

1 白萝卜切短细丝，撒盐腌10分钟后用水冲洗，沥干水分。水晶菜切成4cm长段。

2 将金枪鱼沥干油分后放入碗中，加入白萝卜丝、材料A和水晶菜，混合后搅拌均匀。盛盘，根据个人口味撒上白芝麻。

> 白萝卜脆脆的

超丰富的甜味噌白拌沙拉 ♡

让人舒服的味道

甜味噌味道非常柔和，这是一道让人感觉吃完很舒服的小菜。
材料用冰箱里的存货即可，可以自由发挥。

材料 （简单易做的量）

木棉豆腐…1块（350g）
小白菜（或菠菜）…½袋
蟹味菇…½盒
胡萝卜…⅓根

A
水…¼杯
白出汁（或蘸面汁）…2小勺
白砂糖…1小勺

B
白芝麻碎…2大勺
味噌、白砂糖…各1大勺
酱油…1小勺

做法

1 将木棉豆腐用厨房纸巾包住，放在碗里，用微波炉600W加热3分钟。豆腐上放重物压5分钟，压出多余水分。

2 小白菜焯水后切成适口大小a。蟹味菇去根。胡萝卜切丝，和蟹味菇一起放入锅中，加入材料A，煮沸后关火冷却。

3 将小白菜和材料B放入碗中，豆腐用手捏碎，放到碗中。再加入沥干水分的胡萝卜和蟹味菇。混合拌匀。

小贴士

a 绿叶蔬菜焯水时要沸水下锅，根茎类蔬菜要和水一起煮沸。

简单和风小菜鸡油金平藕 ♡

用一个平底锅就可以完成的快手菜。充分利用鸡皮上的脂肪，美味瞬间提升。

材料 （4人份）

胡萝卜…½根
藕…1节（200g）
鸡皮…1片
色拉油…适量
白砂糖…1½大勺

A
味醂、酱油…各1大勺
蘸面汁（2倍浓缩）…½大勺

香油…1大勺
辣椒粉、白芝麻各适量

做法

1 胡萝卜切丝。藕切扇形，用醋水浸泡5分钟，捞出沥水。鸡皮切成1cm宽的条。

2 中火热油，放入鸡皮炒出油脂后，加入胡萝卜和藕翻炒。蔬菜整体都裹上油脂后，放入白砂糖，翻炒均匀a。

3 加入材料A炒至收汁，加入香油，关火b。最后撒上辣椒粉和白芝麻，搅拌均匀。

小贴士

a 白砂糖早一点儿放，这是美味的秘诀。

b 香油加热后会挥发，所以最后再加入。

和风蛋黄酱荷兰豆鸡蛋沙拉 ♡

鸡蛋丰富、奶香醇厚，是一道吃过之后会经常做、并成为拿手菜的沙拉。调味用了芝麻、蛋黄酱还有酱油。

材料 （4人份）

煮鸡蛋…3个
荷兰豆…2小袋（100g）

A
蛋黄酱、白芝麻碎…各2大勺
酱油…1小勺
白砂糖…2小捏

黄芥末酱、黑胡椒碎（选用）…各少许

做法

1 煮鸡蛋用叉子碾碎。荷兰豆去筋，用盐水焯一下。

2 将材料A倒入碗中，混合均匀，根据个人口味加入黄芥末酱，再倒入鸡蛋和荷兰豆，拌匀。

3 盛盘，撒黑胡椒碎。

ⓐ 可根据个人口味在鸡蛋里
适当加一点儿白砂糖。

ⓑ 喜欢吃辣的话也可以加一
点儿辣椒油。

ⓒ 冷藏一会儿会更好吃。

034

中式甜口粉丝沙拉 ♡

食堂里经常出现的粉丝沙拉。我做的偏甜口，而且食材种类
很多。加入香油的时机是重点。

材料（简单易做的量）

胡萝卜…½根
粉丝…30g
黄瓜…1根
火腿…4片
木耳…7g
色拉油…适量
鸡蛋…1个

A
醋…3大勺
白砂糖…2大勺
酱油…1大勺
黄芥末酱（选用）…
¼小勺

香油…1小勺
白芝麻（选用）…适量

做法

1 胡萝卜切细丝。将粉丝和胡萝
卜一起焯水，将粉丝切成方便
吃的长度。黄瓜切细丝，撒
盐，变软后用水冲洗，沥干水
分。火腿切细丝，木耳泡发后
切丝。

2 平底锅热油，将鸡蛋打散，倒
入锅中，摊成薄鸡蛋饼后切粗
丝ⓐ。

3 将材料A在碗中混合均匀ⓑ，
加入步骤1~2的材料，混合搅
拌，倒入香油拌匀。盛盘，根
据个人口味撒上白芝麻ⓒ。

韩式辣白菜烤肉沙拉 ♡

有肉又有菜，是一道分量扎实的沙拉。炒猪肉时用的调料可以
当作酱汁活用。

材料（4人份）

水晶菜…1把

A
薄五花肉
（涮火锅用）…150g

B
香油、蛋黄酱…
各1大勺
柚子醋…2大勺
味醂…1大勺

辣白菜…80g
白芝麻…适量
韩式海苔（选用）…3片

做法

1 水晶菜切成3cm长段，薄五花肉
切成适口大小。

2 将薄五花肉放入锅中翻炒，炒熟
后倒入材料B，翻炒均匀。

3 将水晶菜码在盘底，盛入炒好的
五花肉和辣白菜，淋入锅中剩下
的酱汁，撒上白芝麻，将韩式海
苔撕成小块后撒入盘中。

蛋黄酱会让
味道更浓郁

小贴士

ⓐ 如果没有白出汁，也可以用2倍浓缩的蘸面汁代替。
ⓑ 烤海苔也可以。

035

甜口中式
凉拌豆芽 ♡

很久以前就开始做的一道沙拉。甜丝丝的炒蛋更增添了一点儿咖啡馆的味道呢。

材料 （简单易做的量）

胡萝卜…⅓根
豆芽…1袋
黄瓜…1根
火腿…4片
色拉油…适量

A
蛋液…1个鸡蛋的量
白砂糖…1小勺
盐…适量

B
醋…3大勺
白砂糖…2½大勺
酱油…1½大勺
黄芥末酱…¼小勺

香油…2小勺
白芝麻…1大勺

做法

1 胡萝卜切细丝，和豆芽一起焯水后沥干水分ⓐ。黄瓜切细丝，撒盐，变软后用水冲洗，沥干水分。火腿切丝细。

2 平底锅热油，将材料A混合均匀后倒入锅中，做成炒蛋。

3 将材料B倒入碗中混合均匀，加入步骤1～2的材料，混合拌匀。最后再加入香油和白芝麻拌匀ⓑ。

每天都想吃的
韩式凉拌菜 ♡

用白出汁调味，完全没有复杂的步骤，零失败的食谱，一定要试着做一次。

材料 （4人份）

胡萝卜…⅓根
豆芽…1袋
菠菜…1把

A
香油（选用）…2大勺
白出汁ⓐ（选用）…1½大勺

调味海苔ⓑ（选用）…1片
酱油…1大勺
白芝麻…适量

做法

1 胡萝卜切细丝，和豆芽一起焯水后沥干水分。菠菜焯水，捞出放入冷水中，冷却后挤干水分，切成适口大小。

2 将材料A放入碗中混合均匀，加入步骤1的食材和撕成小块的调味海苔，放酱油拌匀，撒上白芝麻。

即使只有豆芽
也很好吃

姜汁酱油蛋黄酱味
日式洋葱土豆沙拉 ♡

软糯的土豆和清脆的洋葱丝，加上鲜香的木鱼花，是一种全新概念的土豆沙拉。

材料 （2人份）

洋葱ⓐ…½个
土豆…2个（250g）
A ｜ 酱油…½大勺
　｜ 木鱼素…½小勺
B ｜ 蛋黄酱…1大勺
　｜ 姜泥…少许
木鱼花…5g
欧芹碎（选用）…适量

做法

1 洋葱切细丝，放在冰水中浸泡10分钟以上，沥干水分。
2 土豆削皮后切成2cm见方的块，放入碗中，用微波炉600W加热4分30秒。
3 趁热倒入材料A，并将土豆捣碎ⓑ，然后加入洋葱丝和材料B，混合均匀。盛盘，撒上木鱼花和欧芹碎ⓒ。

香橙胡萝卜沙拉 ♡

在胡萝卜沙拉的基础上加入果汁丰富的香橙，看起来颜色更跳跃、更可爱。

材料 （2人份）

胡萝卜…1根
盐…⅓小勺
香橙…1个
A ｜ 橄榄油、醋…各2小勺
　｜ 白砂糖…1小勺
　｜ 盐…2小捏
　｜ 黑胡椒…1小捏

做法

1 胡萝卜去皮，用刮皮刀削成薄片，用盐腌渍3分钟后用水冲洗，挤干水分。香橙削皮，去掉果肉外面的白皮。
2 将材料A放入碗中混合均匀，加入步骤1中的材料，拌匀。

用刮皮刀削出来的胡萝卜条像丝带一样，很可爱。

芦笋培根温泉蛋
芝士沙拉 ♡

用温泉蛋和芝士粉做成的培根鸡蛋意面风味的沙拉，加一点儿酱油更美味。

材料 （2人份）

芦笋…5根
培根…2片
温泉蛋…1个

A
芝士粉…1大勺
橄榄油…1小勺
酱油…½小勺
黑胡椒…适量

做法

1 将芦笋根部硬的部分切掉，用盐水焯1分30秒左右，切成3cm长段。培根切成1.5cm宽的块。
2 平底锅热油，放入培根，两面均煎至上色。
3 将芦笋和培根盛盘，放上温泉蛋，材料A按顺序依次放入盘中。

橄榄油醋渍烤蔬菜 ♡

颜色鲜艳的一道沙拉，为餐桌更增添一分色彩。烤过的蔬菜自带香甜，腌渍后更好吃。

材料 （2人份）

南瓜…½₀个（80g）
西葫芦…½根
茄子…1个
辣椒…½个
蒜…1瓣
橄榄油…1½大勺

A
橄榄油…2大勺
醋…1大勺
白砂糖…1½小勺
盐…⅓小勺
黑胡椒…少许

罗勒（选用）…适量

做法

1 南瓜去子和瓤，切成5mm厚的片。西葫芦和茄子切1cm厚的圆片。辣椒切成1.5cm宽的条。蒜用刀拍碎。
2 平底锅中放入橄榄油和蒜，炒出香味后按照顺序放入南瓜、西葫芦、茄子和辣椒，煎至两面上色。
3 将材料A倒入碗中混合均匀，加入步骤2的食材拌匀，静置30分钟入味。盛盘后根据个人口味放入罗勒。

橄榄油醋渍
火腿西柚沙拉 ♡

把火腿卷成玫瑰花的样子，可爱又汁水丰富的一道沙拉。

材料 （2人份）

生火腿…7~8片（50g）
洋葱…¼个
西柚…1个

A
| 醋、橄榄油…各1大勺
| 白砂糖…2小勺
| 颗粒黄芥末酱（选用）…1小勺
| 盐…1小捏

百里香（选用）…适量

做法

1. 洋葱切3mm宽的丝，放到冰水中浸泡5分钟，捞出沥干水分。西柚去皮，将果肉外面的白色皮也去掉 ，切成适口大小。
2. 将材料A放入碗中混合均匀，加入洋葱和西柚，混合拌匀，冷藏15分钟入味。盛盘，将火腿一片片卷成玫瑰花形，放入盘中，用百里香装饰。

将火腿横着平铺，从下边折叠至上边5mm处，然后从右向左一点点卷起来，最后将上面打开，即成玫瑰花形。

芝麻蛋黄酱风味
和风金枪鱼白菜沙拉♡

白菜只需水煮后拌一下，一道非常清淡又很好吃的拿手小菜。

材料 （2人份）

白菜…⅛个

A
| 金枪鱼罐头（油渍）…½罐（40g）
| 蛋黄酱…1½大勺
| 白芝麻碎…1大勺
| 蘸面汁（2倍浓缩）…½大勺
| 盐、黑胡椒、白芝麻…各适量

做法

1. 将白菜帮和叶子分开，白菜帮切成1.5cm见方的块，白菜叶切成3cm见方的块。锅中放盐水，加热沸腾后放入白菜帮，30秒后放入白菜叶，白菜帮变软后捞出 ⓐ，放凉后挤干水分。
2. 将白菜放入碗中，加入材料A，搅拌均匀。

小贴士
ⓐ 处理西柚果皮时可以在下面放装有调料汁的碗，这样果汁也不会浪费。

小贴士
ⓐ 焯水后不要将白菜泡水，直接捞出放凉即可。

咖喱红薯沙拉♡

红薯的甘甜和咖喱的辛辣配在一起，美味让人意想不到。
加上鸡蛋，将整体味道变得更加柔和了。

材料 （2人份）

红薯…2个（350g）
煮鸡蛋…1个
A 蛋黄酱…3大勺
  咖喱粉…½小勺
莳萝（选用）…适量

做法

1 红薯切成1cm见方的块，在水中浸泡3分钟后捞出，沥干水分，放入碗中，盖上耐热保鲜膜，用微波炉600W加热5分钟。煮鸡蛋切碎。
2 在另一碗中倒入材料A，混合均匀，加入步骤1的材料，拌匀。盛盘，撒莳萝装饰、提香。

牛油果和虾仁的
无敌组合

芥末蛋黄酱风味
牛油果虾仁沙拉♡

芥末微微的辣味是点睛之笔，牛油果即使还没完全熟透，
也可以尽情发挥美味。

材料 （2人份）

牛油果…1个
水煮虾仁…70g（10只）
  蛋黄酱…2½大勺
A 酱油、白砂糖…各¼小勺
  芥末（管装）…1cm

做法

1 牛油果切成两半，去核，用勺子将果肉挖出，切成1.5cm见方的块。
2 碗中放入牛油果和水煮虾仁，倒入材料A，混合拌匀 ⓐ。

小贴士

ⓐ 牛油果的壳可以作为容器来制作焗烤芝士。在牛油果壳里装入做好的沙拉，加1小勺蛋黄酱和芝士片，用吐司烤箱1000W加热5分钟即可。

简餐沙拉的创意

平时最基础的沙拉摇身一变成为餐厅里的时尚简餐，秘诀就是"配料"。
不光是外形，味道也变得时髦了。为大家介绍几种最简单且容易搭配的食材。

创意

1

蒜粉
面包糠

在平底锅里加入1大勺橄榄油，中火加热，倒入¼杯面包糠、少许大蒜粉和1小捏盐，翻炒均匀。开始上色后转小火，继续翻炒4分钟左右即可。

创意

2

用法棍做的
黄油面包脆

取⅓个法棍，用手掰成大块，表面涂上黄油（10g左右），放入吐司烤箱中，1000W烤3分钟，再将其压碎，作为配料使用。

创意

3

芝士
仙贝

将芝士片放在烘焙纸上，用微波炉600W加热1分40秒，取出放凉后分成适当小块即可。

创意

4

培根脆

在大的耐热盘子上放上烘焙纸，放2片培根，用微波炉600W加热50秒至1分钟后，拿出翻面，再加热1分钟，切成适当大小。

040

配菜超丰富

黄油炒蛋沙拉♡

有肉又有菜，是一道分量扎实的沙拉。炒猪肉时用的调料可以当作酱汁活用。

材料（4人份）

黄油…10g

A
鸡蛋…2个
牛奶…1大勺
白砂糖…½小勺
盐、黑胡椒…各少许

红叶生菜…3片
培根脆…全量
黄油面包脆…全量

B
蛋黄酱…1½大勺
白砂糖、醋、牛奶…各1小勺
盐、黑胡椒…各少许

做法

1 平底锅中放入黄油加热，放入混合均匀的材料A，做成黄油炒蛋。

2 将红叶生菜撕成小块，放入盘中，倒入黄油炒蛋，撒上培根脆和黄油面包脆，最后淋材料B即可。

PART 3

QUICK!
EASY!
CAFE
RECIPE

简单快手的咖啡馆食谱

我的食谱基本都是耗时短、步骤少，简单就可做成的料理。

下面介绍一些受到大家好评的快手食谱。

非常适合料理新手或平日繁忙的人们参考。

蛋黄酱芝士烤鸡胸 ♡

鸡胸肉用肉锤可以捶成很大的薄片，这样既可以缩短料理时间，又可以使肉质变得软嫩多汁。

材料 （2人份）

鸡胸肉…1片（250g）
A｜蛋黄酱…3小勺
　｜蒜泥…1小勺
　｜盐、黑胡椒…各适量
比萨用芝士…3~4大勺
面包糠、干罗勒碎…各适量

做法

1 鸡胸肉去皮，将肉厚的部分用刀切开。裹上保鲜膜后拿肉捶或瓶底将鸡胸肉捶成1cm厚的片 。
2 将捶好的鸡胸肉放在锡纸上，将锡纸边缘折起。将材料A混合均匀后涂在鸡胸肉上，放芝士和面包糠。
3 放入吐司烤箱，1000W加热10分钟 ⓑ。将烤好的鸡胸肉切成适口大小，盛盘，撒上干罗勒碎。

> 边捶打边将
> 鸡胸肉展开

小贴士
ⓐ 将鸡胸肉裹上保鲜膜再捶打，不会弄脏案板。
ⓑ 用吐司烤箱烤5分钟，鸡胸肉上色后拿一张锡纸盖住，防止烤焦。

小贴士
ⓐ 在面包糠里加一点儿芝士粉会更好吃！如果面衣太过浓稠，可以加适量水稀释。

炸鸡排 ♡

用调制好的面衣（见P20）来做炸物，省去了一道道裹材料的烦琐步骤，而且炸好后还不易脱落。

材料 （10个）

鸡胸肉…1片（350g）
【面衣】
　｜蛋液…1个鸡蛋的量
　｜低筋面粉…4大勺
　｜水…2大勺
　｜盐、黑胡椒…各少许
面包糠、色拉油、柠檬角、
　日式伍斯特中浓酱…各适量

做法

1 用叉子将鸡胸肉两面扎出小孔，然后片成薄片。
2 将面衣的材料在碗中混合，放入鸡胸肉片，裹上面衣，然后再一片片拿出来裹上面包糠 ⓐ。
3 将鸡胸肉片放入170℃的热油中炸至金黄色后捞出。盛盘，挤上柠檬汁，配日式伍斯特中浓酱即可。

> 面衣使用
> 真方便

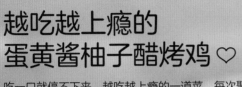

越吃越上瘾的
蛋黄酱柚子醋烤鸡 ♡

吃一口就停不下来，越吃越上瘾的一道菜。每次聚会烤肉时我
一定会做很多，带给大家一起吃。

材料（4人份）

鸡腿肉（或鸡胸肉）500~600g

A ┃ 柚子醋…1½大勺
┃ 蛋黄酱…1大勺
┃ 清酒…2小勺
┃ 香油、蒜泥…各1小勺
┃ 鸡精…½小勺
┃ 盐、黑胡椒…各少许

盐、黑胡椒…各适量
豆苗、小番茄（选用）…各适量

做法

1 鸡腿肉切成适口大小，放入保鲜袋
中，将材料A混合均匀后倒入保鲜袋，
揉搓50次ⓐ。豆苗去根。小番茄对半
切开。

2 平底锅加热，放入腌好的鸡腿肉，两面
煎至焦香并熟透。加入适量盐和黑胡椒
调味。盛盘，放入豆苗和小番茄ⓑ。

非常受欢迎的
蛋黄酱
柚子醋口味

小贴士

ⓐ 即使鸡肉不腌渍，也非常
入味。

ⓑ 喜欢吃辣可以撒上辣椒
粉，也很好吃。

无须腌渍的蛋黄酱
盐酥猪米花 ♡

猪肉片卷成小球后做成炸猪米花，猪肉片很薄，放入保鲜袋
中揉揉就可以入味，一定要试试看！

材料 （4人份）

猪肉片…400g

A
┃ 蛋黄酱…1½大勺
┃ 香油…3小勺
┃ 鸡精…1½小勺
┃ 蒜泥、姜泥…各1小勺
┃ 盐、黑胡椒…各少许

淀粉、色拉油…各适量

做法

1 将猪肉片放入保鲜袋中，将材料A混合
均匀，倒入袋中，揉匀后将猪肉片取
出，攒成直径3cm的小球，均匀裹上
淀粉。

2 平底锅倒入高1cm的油，加热后放入
猪肉球，炸成金黄色捞出 。

小贴士

 将猪肉表面炸硬，要边滚
动边炸。

又脆又糯的正宗韩式煎饼 ♡

只需10分钟就可完成的正宗韩式煎饼，将面粉用量控制在最低，蔬菜的分量加大。

材料 （直径26cm的平底锅，1张）

胡萝卜…½根
韭菜…½把
猪五花肉（或猪肉片）ⓐ…80g

A
| 水…80mL
| 低筋面粉…5大勺
| 淀粉…2大勺
| 香油…1大勺
| 鸡精…1小勺

色拉油…3大勺
香油…1大勺

【蘸汁】
| 柚子醋…3大勺
| 白砂糖…½大勺
| 辣椒油、葱花…各适量

做法

1. 将胡萝卜切丝，韭菜切成3cm长的段，猪肉片切成小块。
2. 将材料A混合均匀后加入步骤1中的食材。
3. 平底锅热油，倒入步骤2的食材，煎至两面焦黄ⓑ。最后再沿着锅边倒入一点儿香油，可将面皮煎得更脆ⓒ。将蘸汁材料混合均匀，搭配煎饼即可。

小贴士

ⓐ 可以将猪肉片换成海鲜类食材。
ⓑ 面糊稀一点儿，煎饼更有外焦内糯的口感。
ⓒ 沿着锅边，就是顺着锅的最外沿倒入，然后再淋遍锅内。

> 只需用身边现有的材料就可以做

能量满满的猪肉排 ♡

配上浓稠却很清爽的蒜香酱汁，吃上一口马上就可以恢复能量，既下饭又下酒。

材料 （4人份）

蒜…3瓣
猪颈肉…4片（400g）
盐、黑胡椒…各少许
色拉油…2大勺

A
| 酱油、白砂糖、清酒、味醂、伍斯特酱…各1½大勺
| 番茄酱…½大勺

欧芹碎（选用）…适量

做法

1. 蒜切薄片。将猪颈肉有筋的地方切开，用刀背捶打松软，切成1.5cm宽的连刀片，然后撒上盐和黑胡椒。
2. 平底锅中火热油，放入蒜片爆香后放入猪肉片煎烤ⓐ，煎出焦香后翻面，转小火，盖上盖子煎3分钟。
3. 倒入材料A，烹煮入味后将猪肉盛盘，将剩下的酱汁煮浓稠后淋在猪肉上，根据个人口味撒上欧芹碎。

小贴士

ⓐ 如果蒜煎得有点儿焦，要马上取出来，否则会变苦。

> 蒜香酱汁太好吃了

番茄酱小炒猪肉 ♡

猪肉片搭配酸甜的番茄酱，配意大利面很好吃。

材料（4人份）

洋葱…1个
猪肉片…350g
盐、黑胡椒…各少许
色拉油…2大勺
A 番茄酱…2½大勺
　日式伍斯特中浓酱…2大勺
　清酒…1大勺
　白砂糖…½大勺
　鸡精…½小勺
欧芹碎（选用）…适量

做法

1. 洋葱切细丝，猪肉片切成适口大小，撒上盐和黑胡椒调味。
2. 平底锅热油，放入洋葱和猪肉片翻炒 。
3. 猪肉片变色后，加入混合均匀的材料A，翻炒收汁，盛盘，根据个人口味撒上欧芹碎 b。

小贴士

a 这时放蒜片更能增添风味。
b 和意大利面搭配很合适，加上芝士粉或辣椒酱都非常不错。

> 5分钟的超快手料理

甜辣猪肉韭菜卷 ♡

用薄薄的猪肉卷上嫩绿的韭菜，万能照烧酱汁（见P120）和豆瓣酱调出甜辣的滋味。

材料（4个）

韭菜 a…1把
猪五花肉薄片…300g
淀粉…适量
色拉油…2大勺
A 万能照烧酱汁
　（见P120）…4大勺
　豆瓣酱…½小勺
温泉蛋（选用）…1个
辣椒丝、白芝麻（均选用）…各适量

做法

1. 韭菜切5cm长段，用一片猪五花肉片卷20根左右的韭菜 b，裹上淀粉。
2. 平底锅热油，将卷好的猪肉卷放入锅中，煎至焦香后翻面，盖上盖子继续煎3分钟。将材料A混合均匀，倒入锅中烧至黏稠。
3. 盛盘，放上温泉蛋，根据个人口味放入辣椒丝，撒白芝麻。

> 超下饭

小贴士

a 用大葱或蘑菇也可以。
b 韭菜不好咬断，不要做得太长，吃起来很费劲，做短一点儿更方便食用。

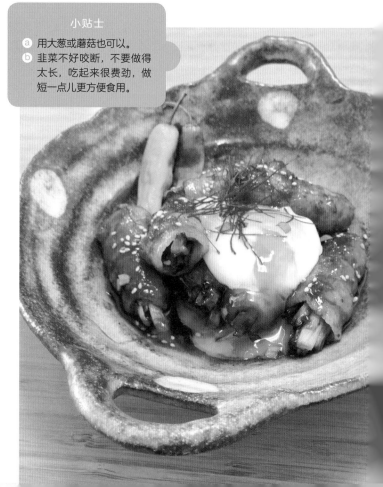

洋葱…1个
黄油（或人造黄油）…1½大勺
牛肉片…200g
低筋面粉…1½大勺

A ┃ 水…1杯
　 ┃ 鸡精…2小勺

B ┃ 番茄酱…4大勺
　 ┃ 日式伍斯特中浓酱…2大勺
　 ┃ 肉豆蔻…少许

鲜奶油…¼杯
盐、黑胡椒…各少许

做法

1. 洋葱切丝备用。
2. 平底锅加热黄油，放入洋葱丝和牛肉片翻炒熟后，一点点撒入低筋面粉，继续翻炒片刻后边搅拌边加入材料A，小火炖煮3分钟。
3. 加入材料B，混合均匀，煮沸后加入鲜奶油，用盐和黑胡椒调味即可。

俄式鲜奶油烩牛肉 ♡

不需要提前做底料，只需炖煮3分钟即可。虽然制作简单，但是绝对能拿得出手招待客人。配白米饭，非常棒！

只需15分钟
就完成啦

甜辣肉末土豆 ♡

只需一口锅就能做

软糯的土豆和丰富的肉末，完全可以作为主菜上桌，而且只需一口锅就能完成。

材料 （4人份）

土豆…4个
色拉油…适量
猪肉馅…200g
A
　水…1½杯
　白砂糖…3大勺
　味醂…2大勺
　清酒…1大勺
　木鱼素…1小勺
酱油…3½大勺
B　水、淀粉…各1大勺
葱花（选用）…适量

做法

1. 土豆洗净后削皮ⓐ，切成3cm见方的块。
2. 中火热油，放入土豆翻炒。土豆边缘稍变透明时放入猪肉馅炒散。
3. 猪肉馅炒变色后倒入材料A，转中小火炖煮。土豆煮软后倒入酱油，再煮两三分钟ⓑ。关火，将材料B搅拌均匀后转圈倒入锅中。再次开小火，边搅拌边煮至汤汁黏稠。盛盘，撒上葱花ⓒ。

小贴士
ⓐ 如果是新上市的土豆，带着皮也可以。
ⓑ 倒入酱油可防止土豆煮散。
ⓒ 可以浇在米饭上食用。

048

烤芝士可乐饼 ♡

不需要油炸，也不需要裹面衣，软糯的土豆和酥脆的面包糠，再配上芝士，完美！

材料 （19cm×14cm的容器，1份）

土豆…3个（300g）
洋葱…½个
猪肉馅…100g
A　白砂糖、酱油…各1大勺
B
　牛奶ⓐ…1大勺
　盐、黑胡椒…各少许
比萨用芝士…适量
面包糠…2大勺

做法

1. 土豆削皮，切成适口大小，覆盖耐热保鲜膜后用微波炉600W加热6分钟。趁热将土豆捣碎。洋葱切碎。
2. 将猪肉馅和洋葱放入平底锅，加入材料A，翻炒至水分蒸发。
3. 将步骤2中的材料和土豆、材料B混合后放入耐热容器中，撒上面包糠和芝士，放入吐司烤箱，1000W烤5分钟至上色即可。

用吐司烤箱制作很方便

小贴士
ⓐ 倒入一点儿牛奶，会让整体口感更软糯香浓。

照烧鸡肉豆腐丸子 ♡

在鸡肉馅里加上豆腐，口感更加松软。不管是煎、炸还是煮都非常棒，这次我们来照烧。

材料（4人份）

木棉豆腐…100g
洋葱…½个
A {
鸡肉馅…400g
鸡蛋…1个
面包糠…3大勺
姜末…1小勺
清酒…1小勺
}
色拉油…1大勺
万能照烧酱汁（见P120）ⓐ…6大勺
白芝麻（选用）…适量

做法

1 用厨房纸巾将木棉豆腐包住，放在耐热盘子上，用微波炉600W加热2分钟，沥干多余水分。洋葱切碎。

2 将步骤1中的食材和材料A一起放入碗中，混合搅拌均匀。分成8等份后分别团成椭圆形。

3 平底锅热油，将鸡肉丸子煎至焦黄，翻面后盖上盖子，再煎5分钟。

4 倒入万能照烧酱汁，煮至入味。盛盘，撒上白芝麻。

小贴士

ⓐ 调料的配比基本都是1:1，很好记。平时我会在此基础上多加一点儿白砂糖，喜欢甜味可以试试。

柚子醋豆腐丸子 ♡

只需全部混合即可，超简单

经济又健康的豆腐丸子，加点儿蔬菜，既丰富了口感也增加了营养。

材料（4人份）

胡萝卜…5cm
小葱…3根
木棉豆腐…250g
A {
猪肉馅（或鸡肉馅）…300g
淀粉…1大勺
姜泥、木鱼素、清酒…各1小勺
盐…⅓小勺
}
色拉油…适量
B {
水…130mL
柚子醋…4大勺
白砂糖…1½大勺
淀粉…3小勺
鸡精…1小勺
}
白萝卜泥、葱花、辣椒丝（均选用）…各适量

做法

1 胡萝卜和小葱都切碎。用厨房纸巾将木棉豆腐包住，放在耐热盘子上，用微波炉600W加热3分钟。

2 将步骤1中的材料与材料A混合搅拌在一起，团成若干直径2cm的丸子。

3 平底锅中倒入1.5cm深的油，加热后将丸子煎炸熟ⓐ。

4 另起锅倒入混合均匀的材料B，用中火边煮边搅拌至煮成芡汁。

5 将炸好的豆腐丸子盛盘，淋上步骤4的柚子醋芡汁。根据个人口味搭配白萝卜泥、葱花和辣椒丝。

小贴士

ⓐ 煎炸时边滚动边炸，炸出来的丸子形状会更圆。

甜酱油青花鱼烧 ♡

适用于
所有烧鱼

家庭口味的烧鱼，是味道非常浓厚又微微带点儿甜味的下饭神器。制作前稍做处理，就可以将鱼腥味全部消灭掉。

材料 （4人份）

青花鱼ⓐ…4块
姜…1块
A ┌ 水…1杯
　│ 姜、清酒、味酥…各3大勺
　└ 白砂糖…2½大勺
辣椒丝（选用）…适量

做法

1　将青花鱼放入冷水中，将鱼骨部分残留的血水迅速洗净。用厨房纸巾将鱼包住，擦干水分。鱼背切十字刀ⓑ，平铺在沥水篮等容器中，慢慢转圈浇上沸水。姜取⅓切薄片，其余切细丝。
2　将材料A倒入平底锅中，加热沸腾后放入姜片和青花鱼块。盖上锡纸慢煮，过程中不时用勺子舀点儿酱汁浇在鱼上。煮至收汁后关火。
3　盛盘，放上姜丝和辣椒丝。

小贴士

ⓐ 除了青花鱼，也可以试试其他鱼。
ⓑ 在鱼背上切十字刀，可以缩短烹饪时间，也会使鱼更加入味。

面包糠塔塔酱三文鱼酥

将塔塔酱放在三文鱼上，再撒上大量面包糠，烤得酥脆可口。换成鳕鱼也不错，可以换成任何喜欢的鱼试试看。

材料 （简单易做的量）

三文鱼…2块
塔塔酱（见P128）…适量
面包糠…1大勺
干欧芹碎…适量

做法

1　三文鱼去皮，厚的部分切开，切成适口大小。
2　将切好的三文鱼放在锡纸上，放上塔塔酱，再撒上面包糠。放入吐司烤箱，1000W烤12~13分钟ⓐ。最后撒上干欧芹碎。

用吐司烤箱
制作非常简单

小贴士

ⓐ 用吐司烤箱很容易烤焦，中途需要盖上锡纸。

香酥浓郁的
鸡蛋可乐饼 ♡

强烈推荐！有了面衣，一切都变得好简单

热乎乎的鸡蛋可乐饼经常会出现在咖啡馆的午餐菜单里。只需在传统的可乐饼上稍作改良即可。

材料（4人份）

土豆…3个（350g）
培根…2片
煮鸡蛋…3个

A
| 蛋黄酱…3大勺
| 法式清汤素…½小勺
| 盐、黑胡椒…各少许

【面衣】
| 蛋液…1个鸡蛋的量
| 低筋面粉…4大勺
| 水…2大勺
| 面包糠、色拉油…各适量

做法

1 土豆削皮，切成适口大小。用耐热保鲜膜包裹后放入微波炉，600W加热6分钟，趁热捣碎。培根和煮鸡蛋切碎。

2 将材料A、培根和煮鸡蛋倒入碗中，混合均匀，团成若干直径3cm的圆球ⓐ。

3 将面衣材料混合均匀，将团好的可乐饼逐个裹上面衣，再裹上面包糠。

4 将可乐饼放入170℃的热油中炸至金黄，捞出即可ⓑ。

小贴士

ⓐ 如果土豆中的水分太少、不易成形，可以加1大勺牛奶。

ⓑ 基本都是熟的食材，所以不用担心没炸熟，只需看颜色就好。

蛋黄酱芝士风味
口蘑番茄鸡蛋烧 ♡

只需单面焖蒸，很简单

无须翻面，非常简单，小火慢烧即可。色彩缤纷、可爱至极，非常适合拿来招待朋友。

材料（直径18cm的平底锅，1个）

口蘑…2个
蟹味菇…½包
小番茄…5个
鸡蛋…4个

A
| 比萨用芝士…2大勺
| 蛋黄酱…1大勺
| 法式清汤素…½小勺
| 盐、黑胡椒…各少许

黄油（或人造黄油）…1½大勺
比萨用芝士…2大勺
罗勒（选用）…适量

做法

1 口蘑去根，切薄片。蟹味菇去根，分成小朵。小番茄对半切开。

2 在碗中将鸡蛋打散，放入材料A，混合均匀。

3 中火加热黄油，放入口蘑和蟹味菇翻炒。蘑菇变软后放入步骤2中的材料，边搅拌边加热至蛋液半凝固。

4 放入小番茄和芝士，盖上盖子，小火焖10分钟左右ⓐ。盛盘，搭配罗勒。

小贴士

ⓐ 加热至表面凝固、芝士化开即可。

蛋黄酱风味
炸豆腐金枪鱼饼 ♡

豆腐和金枪鱼搭配的健康组合。外表焦脆、内里松软，调味是非常专业的法式清汤素和蛋黄酱混合风味。

材料（简单易做的量）

木棉豆腐…300g
金枪鱼罐头（油浸）…1罐（80g）
A ┃ 低筋面粉…4大勺
  ┃ 蛋黄酱…2大勺
  ┃ 淀粉…1大勺
法式清汤素…2小勺
色拉油、烤肉酱汁（见P128）…
  各适量

做法

1 用厨房纸巾将木棉豆腐包裹住，放入盘中，用微波炉600W加热2分钟。

2 金枪鱼沥干油分，倒入碗中，加入材料A，搅拌均匀后分成10等份，分别团成扁椭圆形。

3 将豆腐金枪鱼饼放入170℃热油中炸至金黄色，捞出控油。盛盘，搭配烤肉酱汁 。

小贴士
ⓐ 搭配蜂蜜黄芥末酱（见P128）也非常好吃。

外脆内软

052

手作日式豆腐丸子 ♡

用豆腐为主要原料，外焦里嫩的豆腐丸子，经济又美味。一旦自己动手做过一次后，就再也不想花钱从外面买啦！

材料（简单易做的量）

木棉豆腐…300g
小葱…2根
胡萝卜…⅓根
香菇…1个
A ┃ 干羊栖菜、干樱花虾…
  ┃   各2克
  ┃ 蛋液…½个鸡蛋的量
  ┃ 淀粉…3大勺
  ┃ 清酒…½大勺
  ┃ 木鱼素…1小勺
酱油…½小勺
色拉油、白萝卜泥、柚子醋…
  各适量

做法

1 用厨房纸巾将木棉豆腐包裹住，放入盘中，用微波炉600W加热3分钟。在豆腐上压上重物，放置10分钟，压出多余水分。小葱切葱花，香菇去根，和胡萝卜一起切碎。

2 将豆腐放入碗中碾碎，加入葱花、胡萝卜、香菇，倒入材料A，混合均匀ⓐ。手涂上油后将混合好的馅料分别团成直径3cm的球。

3 将豆腐丸子放入170℃的热油中炸成金黄色ⓑ。搭配白萝卜泥和柚子醋。

小贴士
ⓐ 羊栖菜和樱花虾都用干燥的即可。豆腐要充分压出水分。
ⓑ 不管是趁热吃还是放凉了再吃都很美味。剩余的豆腐丸子还可以拿来做汤或炖煮。

黄油照烧风味
焦脆煎豆腐 ♡

浓厚的酱汁
真好吃

外表煎得焦脆的豆腐，用大蒜、黄油和酱油混合酱汁做照烧，看似清淡的豆腐也可以做出主菜的分量感。

材料 （4人份）

木棉豆腐…1块（350g）
淀粉…适量
色拉油…4大勺
蒜泥…1小勺

A 酱油、味醂…各1½大勺
白砂糖…1小勺

黄油（或人造黄油）…1大勺
葱花（选用）…适量

做法

1 用厨房纸巾将木棉豆腐包起来，放入微波炉，600W加热2分钟后控干水分，分成8等份，裹上淀粉。

2 平底锅热油，放蒜泥爆香后放入豆腐，煎至表面焦脆ⓐ。

3 用厨房纸巾擦去锅中多余的油，将材料A混合均匀后倒入锅中。豆腐均匀裹上酱汁后加入黄油，混合均匀。盛盘，根据个人口味撒上葱花ⓑ。

小贴士

ⓐ 如果蒜变焦了要立刻拣出来。

ⓑ 还可以搭配温泉蛋或蛋黄酱。

小贴士

ⓐ 如果牛肉片不够长，可以重叠起来卷。

豆腐牛肉卷 ♡

用牛肉片卷上豆腐，瞬间提升了分量感。加上蔬菜一起炖煮片刻，就是一道甜辣口味的下饭菜了。

材料 （简单易做的量）

牛肉薄片…150g
木棉豆腐…1块（350g）
蟹味菇…½袋
金针菇…½袋
大葱…1根
小葱…3根
色拉油…适量

A 清酒、味醂…各¼杯
酱油…2½大勺
白砂糖…2大勺

蛋黄、辣椒丝（均选用）…各适量

做法

1 将牛肉薄片切成好操作的大小。木棉豆腐用厨房纸巾包住，放入微波炉600W加热3分钟。蟹味菇和金针菇去根，分成小朵。大葱切斜段，小葱切小段。

2 豆腐切成8~10等份，用牛肉片卷紧ⓐ。

3 平底锅热油，将卷好的豆腐牛肉卷收口朝下放入锅中，煎至上色后翻面，淋入混合好的材料A，放入蟹味菇、金针菇和大葱，煮至蔬菜变软。盛盘，撒上小葱，最后根据个人口味搭配蛋黄和辣椒丝。

一点点肉
就足够

超简单！我最喜欢的乌冬食谱

只需一个平底锅就可以全部搞定的乌冬类料理，经常出现在员工餐中。
给大家介绍在博客上很受欢迎的食谱。

平底锅10分钟
搞定

> **小贴士**
> ⓐ 酱汁是甜味的，如果想降低糖分可以减少味醂的用量。
> ⓑ 乌冬面用微波炉加热时切记要打开包装，或扎上几个小孔，以防包装爆开。
> ⓒ 可根据个人口味加点儿黄芥末蛋黄酱、木鱼花或海苔粉等。

054

招牌酱汁炒乌冬面 ♡

用关西出汁风味的酱汁炒出来的乌冬面，搭配超多蔬菜，味道简直棒极了。

材料（4人份）

洋葱…½个
胡萝卜…½根
青椒…2个
圆白菜…4~5片
猪五花肉薄片
（或猪肉片）…100g
乌冬面（水煮）…2包
色拉油…2大勺
盐、黑胡椒…各少许
A｜ 日式伍斯特中浓酱…5大勺
｜ 味醂ⓐ…4大勺
木鱼素…2小勺
小葱葱花、辣椒丝（均选用）…各适量

做法

1 洋葱切薄片，胡萝卜和青椒切丝，圆白菜切块，猪五花肉薄片切成适口大小。
2 乌冬面开袋后放入微波炉，600W加热2分钟ⓑ。
3 平底锅热油，将步骤1的食材按照肉和蔬菜的先后顺序放入锅中翻炒，撒上盐和黑胡椒。
4 将乌冬面倒入锅中，加入混合好的材料A，翻炒均匀，炒至收汁。盛盘后根据个人口味撒上小葱葱花和辣椒丝ⓒ。

> **小贴士**
> ⓐ 用鸡肉制作要稍微多煮一会儿，肉才能熟透。
> ⓑ 蔬菜刚放入锅中时感觉很多，但是炒软后就变少了。

甜辣寿喜烧乌冬面 ♡

用平底锅很快就能完成，我最拿手的快手菜。食谱中的蔬菜只是示例，可以随意用身边现成的食材即可。

材料（4人份）

白菜…3片
大葱…½根
小葱…2根
蟹味菇…½袋
金针菇…½袋
乌冬面（水煮）…2包
色拉油…适量
牛肉片
（或猪五花肉片）ⓐ…150g
A｜ 白砂糖、酱油…各2大勺
｜ 味醂…1大勺
｜ 木鱼素…1小勺
温泉蛋（选用）…2个
辣椒丝（选用）…适量

做法

1 白菜切成适口大小。大葱切斜段，小葱切1cm长段。蟹味菇和金针菇去根。
2 乌冬面开袋后放入微波炉，600W加热2分钟。
3 平底锅热油，放入牛肉片翻炒，加入白菜、大葱段、蟹味菇和金针菇，炒至蔬菜变软ⓑ。
4 将乌冬面和材料A倒入锅中，翻炒至收汁。盛盘，根据个人口味搭配温泉蛋，撒上小葱和辣椒丝。

PART 4

BLOG RECIPES RANKING

大受好评的博客人气食谱

从我的博客"厨房里的奇迹"里收集了一些最受欢迎的食谱，
比如深受好评的"上瘾鸡块"系列，
希望大家能够亲身实践起来！

人气排名第1位

超简单上瘾鸡块 ♡

在博客上最受欢迎、学会了就会经常做的一道菜，
我自己非常喜欢，配着芥末非常好吃。

材料 （2人份）

鸡腿肉ⓐ…1片（250g）

A
香油…½大勺
酱油、木鱼素…各1小勺
清酒…½小勺
蒜泥…少许
盐、黑胡椒…各少许

盐、黑胡椒…各适量

做法

1 鸡腿肉切成适口大小，放入保鲜袋
  中，倒入材料A，按揉50下，使鸡肉
  入味ⓑ。

2 平底锅热油，放入鸡腿肉，两面煎至
  金黄并熟透，撒盐和黑胡椒调味。

小贴士

ⓐ 用鸡胸肉也可以，需要片
   成薄片。

ⓑ 鸡肉不用长时间腌渍也可以
   入味。即使白天腌渍、晚上
   制作，也不会变得很咸。

盐烤版上瘾鸡块 ♡

用日式烤鸡肉串的感觉来制作盐烤版本的上瘾鸡块,很适合下酒,也很适合做便当。

材料 (4人份)

鸡腿肉…1片(250g)

A
香油…½大勺
清酒、鸡精…各1小勺
蒜泥…少许
盐、黑胡椒…各2小捏

盐、黑胡椒…各少许
小葱葱花(选用)…2根

做法

1 鸡腿肉切成适口大小,放入保鲜袋中,倒入材料A,按揉50下,使鸡肉入味。

2 平底锅热油,放入鸡腿肉,两面煎至金黄并熟透,撒盐和黑胡椒调味。盛盘,撒上小葱葱花。

酱烧版上瘾鸡块 ♡

用甜辣味的特制酱汁做成烤肉风味的鸡块。
一盘下肚,能量复原!

材料 (4人份)

鸡腿肉…1片(250g)

A
酱油、白砂糖、味噌、味醂…各½大勺
香油…1小勺
豆瓣酱…½小勺 ⓐ
蒜泥…少许
盐、黑胡椒…各少许

白芝麻…适量

做法

1 鸡腿肉切成适口大小,放入保鲜袋中,倒入材料A,按揉50下,使鸡肉入味。

2 平底锅热油,放入鸡腿肉,两面煎至金黄并熟透,盛盘,撒上白芝麻。

小贴士

ⓐ 豆瓣酱的量可根据个人口味适当调整。

烧烤酱版上瘾鸡块 ♡

加入番茄酱增加一点儿甜味。裹着油亮亮的红色酱汁的鸡块,非常适合招待客人。

材料 (4人份)

鸡腿肉…1片(250g)

A
番茄酱…2大勺
蜂蜜(或白砂糖)、酱油、味醂…各½大勺
蛋黄酱…1小勺
蒜泥…少许
盐、黑胡椒…各少许

做法

1 鸡腿肉切成适口大小,放入保鲜袋中,倒入材料A,按揉50下,使鸡肉入味。

2 平底锅热油,放入鸡腿肉,两面煎至金黄并熟透 ⓐ。

只需将肉用调味料揉捏均匀后煎烤即可 ♡

小贴士

ⓐ 可根据个人口味淋上点儿墨西哥辣椒汁。

超简单香辣蛋黄酱鸡块 ♡

煎至焦脆的鸡块，用特制的酱汁拌匀即可。味道浓厚，非常
适合男生的一道人气食谱。

058

材料 （2人份）

鸡胸肉…1片（250g）

A
清酒…1大勺
盐、黑胡椒…各2小捏

淀粉…2大勺

B
蛋黄酱、番茄酱…各1½大勺
牛奶…½大勺
豆瓣酱…½小勺
盐、黑胡椒…各少许

色拉油…适量

做法

1 用叉子将鸡胸肉两面扎出小孔，片成
薄片，装入保鲜袋中，倒入材料 和淀
粉，揉匀 a 。

2 将材料B放入碗中混合均匀，做成酱汁。

3 中火热油，放入鸡胸肉煎烤至金黄色
b ，翻面后盖上盖子，小火再煎3分钟
左右。

4 将煎好的鸡胸肉与酱汁拌匀。

小贴士

a 鸡胸肉裹上淀粉后口感不
会变柴。

b 鸡胸肉裹上淀粉煎烤，表
面会更加酥脆。

辛辣口味生姜鸡块 ♡

口感偏柴的鸡胸肉，稍微花点儿功夫也可以变得非常柔软。口味甜中带辣，是鸡肉版的生姜烧。

材料 （4人份）

鸡胸肉…1片（250g）

A | 淀粉…2大勺
  | 清酒、酱油…各1大勺

色拉油…适量

B | 清酒、酱油…各1大勺
  | 白砂糖、味醂…各½大勺
  | 姜泥…少许

C | 白芝麻、黑胡椒碎…
  | 各适量

做法

1 鸡胸肉去皮，切成适口大小。包上保鲜膜，用瓶底将肉捶成1cm厚的片ⓐ。装入保鲜袋中，倒入材料A，揉匀。

2 平底锅热油，将鸡胸肉放入锅中，煎至两面金黄ⓑ。

3 放入材料B，煮至收汁，撒上材料C。

网友试做

非常下饭、非常入味又非常软嫩的鸡块，特别受小朋友们的欢迎。

（姬莓Foo）

小贴士

ⓐ 鸡胸肉用保鲜膜包好再用瓶底捶，不容易弄脏案板。

ⓑ 鸡胸肉煮至九成熟后，再加入材料B。

超简单糖醋番茄酱豆腐丸子 ♡

只需半块豆腐，健康的低成本料理，还可以根据个人口味切点儿蔬菜，混合在一起。

材料 （2人份）

木棉豆腐…⅓块（100g）

A | 猪肉馅ⓐ…150g
  | 淀粉…½大勺
  | 姜泥、鸡精、清酒…各小勺
  | 盐…1小捏
  | 小葱葱花…⅓把

色拉油…适量

B | 番茄酱、白砂糖、醋、水…各1大勺
  | 酱油…1小勺
  | 淀粉…½小勺
  | 鸡精…¼小勺

白芝麻（选用）…适量

做法

1 用厨房纸巾将木棉豆腐包住，放在盘中，用微波炉600W加热2分钟，放凉后将水分擦干。

2 将步骤1的豆腐和材料A放入碗中，搅拌均匀，揉成若干直径2cm的丸子ⓑ。

3 平底锅倒入1cm深的油，放入丸子，边滚动边炸熟。

4 另起锅，将材料B倒入锅中，中火边搅拌边煮至黏稠，关火。

5 将炸好的丸子倒入步骤4的酱汁锅中，拌匀。盛盘，撒上白芝麻。

网友试做

非常健康又好吃的肉丸子料理！给小朋友的便当里放了这个豆腐丸子，非常受欢迎！

（尚妈妈）

小贴士

ⓐ 用鸡肉馅制作也非常好吃。

ⓑ 如果丸子馅太软不成形，可以适当加入点儿淀粉。

甜辣炸酱面 ♡

脆脆的黄瓜条和甜辣口味的肉酱，再加上一颗增添醇厚口感的蛋黄。肉酱可以多做一些，冷冻起来，平时放在乌冬面或米饭上也很棒。

材料（2人份）

黄瓜…1根
中式面条…2包
香油…3小勺

A | 猪肉馅…200g
蒜泥、姜泥…各少许
白砂糖、清酒、味醂、味噌、水…各1大勺

B | 酱油、蘸面汁（2倍浓缩）…各2小勺
豆瓣酱…½小勺

C | 水…2小勺
淀粉…1小勺

蛋黄…2个

做法

1 黄瓜切细丝。

2 面条煮熟后过冷水，沥干水分，浇上2小勺香油，拌匀。

3 平底锅中加入1小勺香油，加热后放入材料A炒匀。猪肉馅变色后，用厨房纸巾将锅中多余的油分吸干，倒入混合好的材料B，翻炒2分钟。最后加入混合好的淀粉溶液C，煮至黏稠。

4 将面条盛盘，摆入黄瓜丝、肉酱和蛋黄ⓐ。

小贴士

ⓐ 可根据个人口味加入辣椒油和醋。

网友试做

做给小学一年级的儿子吃，他说"好吃到要爆炸了！"（miborin）

椒盐蒜香炸鸡 ♡

这款椒盐口味的炸鸡在餐厅非常受欢迎，蒜香味道浓郁，非常下酒，也能下饭。

材料 （2人份）

鸡腿肉…1片（250g）

A
- 蒜泥…2小勺
- 香油…1½小勺
- 柠檬汁…1小勺
- 盐…⅓小勺
- 鸡精、黑胡椒…各¼小勺

淀粉、色拉油…各适量

做法

1 鸡腿肉切成3cm见方的块，装入保鲜袋中，倒入材料A揉匀，腌渍30分钟 。

2 将腌渍好的鸡腿肉逐个裹上淀粉。

3 将鸡腿肉块放入170℃的热油中炸至金黄色，捞出控油。

网友试做

非常下饭的重口味炸鸡，口感非常软嫩，特别受小朋友的欢迎！
（姬莓Foo）

在家重现餐厅里的味道 ♡

小贴士

ⓐ 鸡腿肉腌渍1小时以上会更入味，如果时间有限，建议炸完撒点儿盐。

061

网友试做

每天都在为做什么菜而困扰，不知道还有什么有新意。正发愁时就看到了这个菜谱，非常棒！
（Non）

小贴士

ⓐ 酸奶塔塔酱口感清爽，更凸显了鱼肉里盐和黑胡椒的味道。

ⓑ 剩余的面衣可以用来做炸猪排或炸虾等炸物，这样就不会浪费了。

超简单炸三文鱼排配酸奶塔塔酱 ♡

正常需要按照淀粉、蛋液、面包糠的顺序制作，有了面衣，只需面衣、面包糠2步即可！

酸奶塔塔酱非常清爽 ♡

材料 （2人份）

煮鸡蛋…1个

A
- 蛋黄酱、原味酸奶（无糖）…各1大勺
- 盐、黑胡椒…各2小捏 ⓐ
- 欧芹碎…适量

三文鱼…2段

盐、黑胡椒…各少许

【面衣】
- 鸡蛋…1个
- 淀粉…4大勺
- 牛奶…2大勺

面包糠、色拉油…各适量

柠檬2片

做法

1 将煮鸡蛋切碎，放入碗中，加入材料A，混合均匀，制成酸奶塔塔酱。三文鱼去皮，撒上盐和黑胡椒。

2 将面衣的材料混合均匀ⓑ。三文鱼裹上面衣后，再裹面包糠。

3 将三文鱼放入170℃的热油中炸至金黄色，沥干油分。

4 盛盘，淋酸奶塔塔酱，再放入柠檬片。

咖啡馆风味焦糖猪肉饭 ♡

在裹了甜辣酱汁的猪肉上加上蛋黄和奶香十足的牛油果。把酱汁煮浓稠
一点儿，增添焦糖的浓香，是这道菜的重点。

网友试做

非常温柔的甜辣味，不管男生女
生都会很喜欢的一道菜。明天把
米饭换成乌冬面再试试看。
（mochiko529）

062

材料（2人份）

牛油果…1个
色拉油…适量
猪五花肉薄片ⓐ…180g

A
酱油…2大勺
白砂糖、味醂…各1大勺
蚝油…½大勺
蒜泥…少许

米饭…2碗
蛋黄…2个
白芝麻…适量

做法

1 将牛油果切成两半，去核，剥掉外
皮，每一半再切成4等份。
2 平底锅热油，放入猪五花肉薄片翻
炒，炒熟后盛出备用ⓑ。
3 用厨房纸巾将锅中多余的油分擦干，
倒入材料，煮至黏稠后将猪五花肉片
放回锅中，迅速搅拌均匀。
4 米饭盛盘，放上猪五花肉片，摆入牛
油果，放上蛋黄，最后撒上白芝麻。

小贴士

ⓐ 猪肉薄片或猪五花肉薄片
都可以。
ⓑ 猪肉炒久了会变硬，炒熟
了就马上盛出来。

人气排名第9位

放凉了可以当作小菜来吃♡

超级下饭的咖喱土豆烧肉 ♡

把经典的土豆烧肉做成咖喱味道的西式料理，味道柔和微辣，
盖在米饭上好吃极了！

材料 （2人份）

土豆…3个
洋葱…½个
黄油…15g
牛肉片ⓐ…130g

A
水…200mL
咖喱粉…2小勺
法式清汤素、白砂糖、
酱油、番茄酱…各1小勺

欧芹碎（选用）…适量

做法

1 将土豆切成3cm见方的块，
洋葱切1cm宽的条。
2 中火加热黄油，放入牛肉片
翻炒至肉变色，放入土豆和
洋葱，继续翻炒。
3 洋葱变软后放入材料A，盖
上盖子，留一点儿缝隙，小
火煮15分钟。
4 土豆煮熟后拿掉盖子，中火
将汤汁收至一半的量ⓑ。盛
盘，根据个人口味撒上欧
芹碎。

小贴士

ⓐ 用猪肉片来做也很好吃。
ⓑ 做好后先放凉，放凉的过
程会更入味，变得更好吃。

人气排名第10位

有菜有肉
又有蛋，
营养满分♡

猪肉西蓝花鹌鹑蛋
蒜香酱油合炒 ♡

圆滚滚的西蓝花和鹌鹑蛋非常可爱，即使少放点儿肉，也能饱
腹的一道菜。

材料 （2人份）

猪五花肉薄片…130g
西蓝花…½个
蒜…1瓣ⓐ
香油…½大勺
鹌鹑蛋（水煮）…4个

A
清酒…1大勺
酱油、鸡精…各1小勺
盐、黑胡椒…各少许

B
水…½大勺
淀粉…1小勺

辣椒丝（选用）适量

做法

1 猪五花肉薄片切成5cm宽，
西蓝花分成小朵，蒜切片。
2 中火加热香油，放入蒜片，
再放入猪肉片翻炒变色后放
入西蓝花和鹌鹑蛋，加入材
料A，炒匀。盖上盖子用中
小火焖6分钟。
3 倒入混合均匀的淀粉溶液
B，迅速搅拌均匀并煮至黏
稠。将鹌鹑蛋盛出后切成两
半。盛盘，放入鹌鹑蛋，撒
上辣椒丝装饰。

小贴士

ⓐ 制作便当时，建
议适当减少蒜的
用量。

芝士焦香意式
番茄酱酥仔肉 ♡

用鸡胸肉裹上加了芝士粉和番茄酱的蛋液，煎烤出的一道料理。
这样一来味道寡淡的鸡胸肉也变得味道浓郁，汁水丰富了。

网友试做

老公总是嫌鸡胸肉肉柴，不爱
吃。今天按照这个食谱做了，
老公说肉汁丰富、好吃极了！
（peach）

064

材料 （2人份）

A | 鸡蛋…2个
　 芝士粉、番茄酱…各1大勺
鸡胸肉…1片（250g）
盐、黑胡椒…各2小捏
低筋面粉…适量
橄榄油…1½大勺

做法

1 在碗中将材料A混合均匀。
2 鸡胸肉切断肉筋，两面用叉子扎出小
孔，片成8mm厚的片。撒盐和黑胡椒，
再撒上低筋面粉，裹上步骤1的酱汁。
3 中小火加热橄榄油，放入鸡胸肉片，
迅速将两面煎至上色。
4 将鸡胸肉片再次蘸裹步骤1的酱汁，然
后放入平底锅再次煎至金黄色，翻面
后盖上盖子，再煎3分钟左右 a。

小贴士

a 鸡胸肉容易煎煳，要多注
意火候。直接吃就很好
吃，也可以蘸番茄酱或蛋
黄酱。

人气排名第12位

是一直想重复
做来吃的的
一道菜♡

5分钟就搞定的
猪肉韭菜上海炒面 ♡

这道菜我做了太多次了，每次都会适当调整调味配比，最后觉得还是等量配比出来的调味最棒了。配菜很简单，仅用猪肉和韭菜就非常好吃。

材料 （2人份）

炒面（或中式蒸面）…2包
猪五花肉薄片…100g
韭菜…1包
蒜…1瓣
香油…2小勺
盐、黑胡椒…各少许
A 酱油、清酒、味醂、蚝油…各1大勺
辣椒油（选用）…适量

做法

1 将炒面打开包装后放入微波炉，600W加热2分钟 ⓐ。猪肉和韭菜都切成5cm长的段，蒜切薄片。

2 小火热油，将蒜爆香后开中火，放入猪肉片翻炒，加入盐和黑胡椒。猪肉炒变色后加入面条，慢慢炒松散。

3 倒入混合好的材料A，加入韭菜迅速翻炒 ⓑ。盛盘，根据个人口味淋上辣椒油。

小贴士

ⓐ 面用微波炉加热后比较容易炒散。打开包装再加热，否则包装袋容易爆裂。

ⓑ 如果拿来制作便当，可以适当增加一点儿盐和黑胡椒的量，这样时间久了也不会失去原有的风味。

小贴士

ⓐ 洋葱先裹一遍天妇罗粉，更容易挂上面衣。

ⓑ 面衣的黏稠度，能挂住即可。

ⓒ 面衣是经过调味的，所以直接吃就可以了。如果觉得淡，还可以蘸蛋黄酱或番茄酱。

人气排名第13位

洋葱的甘甜和
酥脆的面衣
回味无穷♡

天妇罗酥脆洋葱圈 ♡

又酥又脆的洋葱圈，在家里也可以做。非常适合当零食或聚会小食。

材料 （2人份）

洋葱…1个
天妇罗粉…2大勺
　天妇罗粉…90g
　水…110g
A 淀粉…1大勺
　法式清汤素…½小勺
　盐、白砂糖…各⅓小勺
色拉油、欧芹碎（选用）…各适量

做法

1 洋葱切成1cm厚的圆圈，然后一层层剥开，和天妇罗粉一起放入保鲜袋中，摇匀 ⓐ。

2 将材料A放入碗中调匀，做成天妇罗面衣 ⓑ，把步骤1中的洋葱蘸裹上天妇罗面衣。

3 洋葱放入170℃热油中炸至金黄色，沥油。盛盘，根据个人口味撒上欧芹碎 ⓒ。

零失败芝士培根
奶油意大利面♡

看起来很复杂的奶油意大利面，其实只要准备好牛奶、鸡蛋、芝士片，就一定会成功。味道也是"浓淡两相宜"。

066

网友试做

这道菜用家里现成的食材就可以做，非常好吃，超级棒！
（Satoming）

材料 （2人份）

培根片…2片
洋葱…½个
蒜…1瓣
蟹味菇…½包
芝士片…2片
意大利面（1.6mm）…180g
橄榄油…2大勺
A｜ 牛奶…130mL
　　 法式清汤素…1小勺
　　 盐、黑胡椒…各少许
蛋液…2个鸡蛋的量
欧芹碎、黑胡椒碎（均选用）…
　　各适量

做法

1 培根切1cm宽的条，洋葱切薄片，蒜切末，蟹味菇去根，芝士片撕成小块。
2 煮意大利面的时间需比说明书的时间缩短1分钟 a ，将意大利面盛出后沥干水分。
3 中火加热橄榄油，炒香蒜，然后放入培根、洋葱和蟹味菇翻炒。洋葱炒软后开小火，放入芝士和材料A，拌匀，芝士化开后关火 b 。
4 倒入蛋液迅速搅匀，小火加热30秒左右，放入意大利面迅速拌匀后关火 c 。盛盘，根据个人口味撒上欧芹碎和黑胡椒碎。

小贴士

a 煮意大利面时多放一点儿盐（2L水放20g盐），这样面会更有味道。
b 倒入蛋液时一定要将火关掉。
c 加了蛋液后，温度会降低，开小火用最快最短的时间拌匀，千万不要开大火。

特制甜口酱汁青椒包肉 ♡

圆圆的、超级可爱的青椒包肉，配上用汉堡酱汁调制而成的甜口酱。

网友试做
青椒横着切出来圆圈，塞上肉，非常可爱。
（Maririn）

材料 （2人份）

洋葱…¼个
青椒…4个
低筋面粉、色拉油…各适量

A
混合肉馅…150g
鸡蛋…½个
面包糠…1½大勺
蛋黄酱…½大勺
盐、黑胡椒…各少许

水…50mL
番茄酱、日式伍斯特
B 中浓酱…各1大勺
蜂蜜…1小勺
法式清汤素…½小勺

人造黄油…1小勺

做法

1 洋葱切碎。青椒切成1.5cm厚的圈，去子，在内侧抹上低筋面粉ⓐ。
2 将洋葱和材料A放入碗中，搅拌均匀，揉成若干肉丸子，塞进青椒圈中，塞紧ⓑ。
3 平底锅热油，将青椒包肉放入锅中，煎至上色。翻面，盖上盖子，小火煎3分钟左右，盛盘。
4 用厨房纸巾将锅中剩余的油擦干，倒入材料B，煮至黏稠，关火后放入人造黄油，淋在青椒包肉上。

小贴士
ⓐ 低筋面粉粘到青椒外圈上也没关系，我习惯把青椒和低筋面粉一起放在保鲜袋里摇匀。
ⓑ 往青椒圈里塞肉时一定要塞紧。如果有剩余肉馅，拿来做汉堡排或香菇包肉，都不错。

067

汤汁好喝到完全剩不下

网友试做
太好吃了！我和女儿把一整碗都吃干净了，老公加班回来已经没有了，哈哈！
（hiroco）

小贴士
ⓐ 姜一定要足量，如果是管装姜泥，建议4cm左右的量。
ⓑ 炖煮过程中用铲子轻轻搅拌，以防豆腐煮碎。

绝品鸡蓉姜汁豆腐羹 ♡

用大量的姜做成生姜芡汁，浇在米饭上，简直好吃极了，是一道极品豆腐主菜。

材料 （2人份）

木棉豆腐…⅔块（200g）
姜ⓐ…½块
色拉油…1小勺
鸡肉馅…70g

A
水…100mL
清酒、味醂、白砂糖、酱油…各½大勺

B
水…1大勺
淀粉…½大勺

小葱葱花、辣椒丝（均选用）…各适量

做法

1 木棉豆腐用厨房纸巾包住，放入微波炉，600W加热3分钟后放上重物。放凉后再用厨房纸巾擦掉多余水分。姜切末。
2 中火热油，放入姜末和鸡肉馅翻炒变色后加入材料A，煮沸。
3 将木棉豆腐切成6块，中小火煮4分钟左右关火ⓑ。将搅拌均匀的材料B倒入锅中，迅速煮匀，小火再煮2分钟左右至黏稠。盛盘，根据个人口味撒上葱花和辣椒丝。

超简单咸葱酱汁猪肉球♡

用猪肉片做成小丸子，再配上酱汁，一道下酒小菜，既有
嚼劲又很松软多汁，太棒了。

网友试做

太好吃了！一直都给大家提供
这么好的食谱，太感谢了！
（syoko）

材料（2人份）

大葱…10cm（30g）
蒜…1瓣（5g）
A 鸡精…½小勺
　盐…¼小勺
香油…1½大勺
猪肉片…250g
盐、黑胡椒…各少许
低筋面粉、色拉油…各适量

做法

1 大葱和蒜切成末，放入碗中，加入材料
A混合均匀。用微波炉600W加热1分
钟，倒入香油拌匀。

2 猪肉片撒上盐和黑胡椒，团成若干直
径2.5cm的圆球，裹上低筋面粉。

3 中火热油，放入猪肉球，煎至金黄色后
翻面，盖上盖子ⓐ，小火煎3分钟。盛
盘，淋上步骤1的酱汁。

小贴士

ⓐ 猪肉煎至金黄色前不要翻
动，这样才不容易散，更
容易煎出漂亮的形状。

酱油黄芥末酱味猪肉球♡

清新爽口的酸味酱汁，裹在小肉球上，油亮亮的，卖相非常棒。和垫在下面的盐渍圆白菜配在一起特别合适。

材料（2人份）

圆白菜…½个（150g）
盐…2小捏
猪肉片…250g
盐、黑胡椒…各少许
低筋面粉…适量
色拉油…1½大勺

A ┃ 酱油…1½大勺
  ┃ 黄芥末酱、味醂…
  ┃   各1大勺

做法

1. 圆白菜切细丝，放入碗中，撒盐后揉匀，放置5分钟后，挤掉多余水分。
2. 猪肉片撒盐和黑胡椒，团成若干直径2.5cm的圆球，裹上低筋面粉。
3. 中火热油，放入猪肉球，煎至金黄色后翻面，盖上盖子，小火煎3分钟。
4. 用厨房纸巾将锅中多余的油分擦干，倒入材料A，煮至黏稠。
5. 将圆白菜装盘，盛上步骤4的猪肉球。

糖醋番茄酱味猪肉球♡

加点儿红甜椒，颜色更丰富，有点儿像甜口的糖醋里脊。用实惠的价格就可以做出看起来很丰盛的料理，非常适合款待客人。

材料（4人份）

青椒…2个
红甜椒…1个
猪肉片…250g
盐、黑胡椒…各少许
低筋面粉…适量
色拉油…1½大勺

A ┃ 番茄酱、白砂糖、醋、
  ┃   水…各1½大勺
  ┃ 香油、酱油、淀粉…
  ┃   各1小勺
  ┃ 鸡精…⅓小勺

做法

1. 青椒和红甜椒去筋、去子，切成适口大小。
2. 猪肉片撒盐和黑胡椒，团成若干直径2.5cm的球，撒上低筋面粉。
3. 中火热油，放入猪肉球，煎至金黄色后翻面，盖上盖子，小火煎2分钟左右。
4. 放入青红椒炒软。用厨房纸巾将锅中多余的油分擦干，倒入混合均匀的材料A，小火炒至黏稠。

照烧芝士味猪肉球♡

芦笋不用提前焯水也可以，芝士只需用余温化开即可。一个平底锅就可以做好的超简单料理，一定要试试哦！

材料（4人份）

芦笋…4根
猪肉片…250g
盐、黑胡椒、低筋面粉…
  各适量
色拉油…1½大勺

A ┃ 白砂糖、酱油…各1大勺
  ┃ 味醂、清酒…各2小勺

芝士片…2片

做法

1. 芦笋去掉底部硬的部分ⓐ，切成3cm长的斜段。猪肉片撒盐和黑胡椒，团成若干直径2.5cm的球，撒上低筋面粉。
2. 中火热油，放入猪肉球，煎至金黄色后翻面，盖上盖子，中小火煎3分钟左右。
3. 用厨房纸巾将锅中多余的油分擦干，倒入材料A，将芝士片撕成小块，放在猪肉球上，盖上盖子，小火加热30秒即可。

网友试做

这是我心目中数一数二的菜谱，即使不搭配圆白菜也很好吃，当然有的话就更棒了！
（NK）

网友试做

超级多汁，停不下筷子。把猪肉片团成小肉球的这个想法太厉害了。
（tibi）

网友试做

甜辣的酱汁裹着香浓的芝士，简直不能再相配了。太好吃！明天还要再做一次。
（eri）

小贴士

ⓐ 芦笋硬的部分纤维比较多，影响口感。

069

我的料理中不可欠缺的调味料

口感非常棒，超级喜欢

特别的调味料

大家经常在博客上让我推荐一些调味料，
这里就给大家统一介绍一些。

纪州的味道 柚子醋酱油

用大量的柚子和臭橙混合做成的柚子醋酱油。打开瓶盖的一瞬间，迎面扑来柚子的香气。用来作火锅的蘸料、拌沙拉或饺子蘸汁等都非常好。

丸正醋 金兰

100多年的老字号，一直用熊野那智川的溪水，传承着最原始的酿造方法制成的醋。比一般的醋多了一丝甘甜，完全没有刺鼻的酸味，非常柔和。

新宫浓口酱油

比一般的酱油要甜一些，非常柔和，而且是无添加的酱油。在日本全国都深受好评。我家从祖母到妈妈到我一直都在用这个酱油。

米豆酱味噌

盐分最低、鲜味加倍的米曲味噌。口感非常柔和，非常好吃。做味噌汤可以选颗粒大一些的，做小菜可以选颗粒小一点儿的。

纪州南高梅

纪州特产南高梅。其特点是果皮非常软，果肉非常厚且多汁。料理中经常会用南高梅来做后味非常清爽的紫苏渍梅。还有橘子蜂蜜味道的，甜甜的可以当零食来吃。

咨询方式

新宫浓口酱油、柚子醋酱油、米豆酱味噌
新宫酱油酿造株式会社
和歌山县新宫市王子町2-9-3
☎ 电话 0735-22-3034
🕐 营业时间 9: 00~17: 00
🚫 周日、节假日
http://shingu-shouyu.com/

丸正醋 金兰
合名会社 丸正醋酿造元
和歌山县东牟楼郡那智胜浦
町天满271
☎ 电话 0735-52-0038
🕐 营业时间 9: 00~17: 00
🚫 周日、节假日、每月第三个周六
http://www.marusho-vinegar.jp/

纪州南高梅
株式会社 熊野物产神仓本店
和歌山县新宫市神仓2-8-11　国道42号
☎ 电话 0735-22-0174
🕐 营业时间 9: 00~19: 00
🚫 周三
http://kumano.main.jp/

PART 5

SPECIAL ONE-PLATE RECIPE

色香味俱全的一盘餐

将小菜、沙拉甚至水果全都盛在一个盘子里，
每一道菜又独立存在的"一个盘子料理"。
色彩丰富、营养均衡，既好吃又非常赏心悦目。

香葱五花肉盐炒面 ♡

材料很简单，只需五花肉和小葱就非常好吃，调味也只需用家里现有的材料，就可以做出比市面上的酱汁还好吃的味道！

5分钟的
超级快手料理

材料 （2人份）

小葱…½根
日式炒面（或中式蒸面）…2包
猪五花肉薄片（或猪肉片）…100g
色拉油…1大勺

A
清酒…3大勺
香油…1大勺
味醂…½大勺
鸡精…2小勺
蒜泥…½小勺
盐…⅓小勺

红姜、柠檬片（均选用）…各适量

做法

1 小葱切成葱花。将炒面包装打开，放入微波炉，600W加热2分钟ⓐ。猪五花肉薄片切成适口大小。
2 平底锅热油，放入猪五花肉薄片翻炒变色后放入炒面，将面条翻炒松散。
3 倒入混合均匀的材料A和小葱葱花，快速翻炒。盛盘，根据个人口味加上红姜和柠檬片，吃之前将柠檬挤一挤。

072

小贴士

ⓐ 炒面用微波炉加热时一定要打开包装，不然包装袋会爆裂。

鸡肉菠菜奶油炖菜 ♡

从头至尾只需一个平底锅就可以搞定，看似很难做的
奶油汤汁，用了这个菜谱马上变简单。

材料 （4人份）

鸡腿肉…2片（500g）
菠菜…1袋
洋葱…1个
蟹味菇…½包
黄油（或人造黄油）、低筋面粉…
　　各2大勺
牛奶…1½杯
A［ 盐、黑胡椒…各少许
　 法式清汤素…2小勺

做法

1　鸡腿肉切成适口大小，菠菜切成长
　　3cm的段，洋葱切丝，蟹味菇去根，
　　分成小朵。
2　中火加热黄油，放入鸡腿肉、洋葱和
　　蟹味菇翻炒。洋葱炒软后关火，撒入
　　低筋面粉，混合均匀。再开火，小火
　　煮1分钟。
3　一点点倒入牛奶，边倒边搅拌。然后
　　加入材料A，煮至黏稠后放入菠菜，小
　　火煮两三分钟。

甜辣肉末茄子盖饭 ♡

黄金搭档肉末和茄子，这次做成甜辣口味。茄子太吸油，做
之前用盐水泡一下，会大大减少茄子吸油的量。

材料 （2人份）

茄子…2根
红辣椒…½个
　　色拉油…适量
　　蒜泥…1小勺
猪肉馅 a …200g
　　酱油…3大勺
　　白砂糖…2大勺
　　清酒…1大勺
　　淀粉…½大勺
米饭…2碗

做法

1 茄子切成适口大小，放入盐水中泡5分
　钟，捞出控水。红辣椒切小圈。
2 将材料A和红辣椒放入平底锅中，爆出
　香味后放入茄子翻炒。茄子炒软后放入
　肉馅炒至变色。倒入材料B，翻炒至黏
　稠即可关火。
　米饭盛盘，再盖上炒好的茄子肉末 b 。

小贴士

a 可根据个人口味选择不同
　的肉馅。
b 可根据个人口味淋上蛋
　黄酱。

材料 （2人份）

茄子…2根
洋葱…1个
青辣椒…8个
色拉油…适量
蒜泥…½小勺
猪肉馅…250g
番茄罐头 ⓐ …1大罐（400g）

A
{
咖喱粉 ⓑ 、白砂糖…各1½大勺
日式伍斯特中浓酱…1大勺
法式清汤素…2小勺
酱油…1小勺
}

姜泥…½小勺
杂粮米饭（或白米饭）2碗

做法

1 茄子斜着切成厚片，洋葱切碎，青辣
椒用叉子扎出小孔。

2 平底锅倒入色拉油，放入蒜泥炒香，
放入洋葱碎炒软后倒入猪肉馅翻炒，
再倒入番茄罐头。煮沸后加入材料A，
稍微收干水分，放入姜泥，煮匀。

3 另起锅热油，放入青辣椒和茄子，炸
至两面焦黄。米饭盛盘，盖上煮好的
咖喱，放入炸好的茄子和青辣椒。

15分钟快手番茄肉末
夏日咖喱♡

只需番茄罐头里的水分，无须再加水，浓缩了番茄精华的夏日咖喱。

小贴士

ⓐ 用新鲜番茄做的话，准备
两三个，同时也要调整调
味料的量。用番茄罐头的
话，用铲子将番茄碾碎了
再加入。用新鲜番茄制
作，先将番茄切成小块，
碾碎后加入。

ⓑ 如果给小朋友吃，需要减
1大勺咖喱粉，同时加1大
勺番茄酱。

超满足健康三明治 ♡

将6片厚切吐司从中间切开，做成让人感觉超级满足的
大分量三明治，成品足足有10cm高！

小贴士

ⓐ 加一点点糖可以适当提一
点儿香味。

ⓑ 在生菜和火腿上适当涂一
点儿蛋黄酱，可以起到黏
合的作用。

材料（2人份）

厚切吐司（6片装）…2包
人造黄油…1小勺
蛋黄酱…2大勺
煮鸡蛋…2个

　　┌ 蛋黄酱…2大勺
　　│ 牛奶…1小勺
Ａ　│ 白砂糖ⓐ…½小勺
　　│ 盐、黑胡椒…各少许
　　└ 黄芥末酱（选用）…½小勺

红叶生菜…6片
番茄…½个
火腿…4片

做法

1 将厚切吐司从中间切分成2片，然后分
别涂上人造黄油和蛋黄酱。

2 煮鸡蛋切碎后和材料Ａ混合拌匀。将红
叶生菜撕碎，番茄切成1cm厚的片。

3 在步骤1的吐司里夹入火腿和步骤2的
材料ⓑ，用保鲜膜包住，用案板之类
的重物压2分钟，然后带着保鲜膜将其
切成2份。

松软蟹肉芙蓉蛋盖饭
配中式芡汁 ♡

用蟹肉棒制作的经济版本。用小火煎，无须翻面，淋上浓厚的中式芡汁，好好享用吧！

材料 （2人份）

小葱…3根
色拉油…2大勺

A
蛋液…4个
蟹肉棒…6根
鸡精…1小勺
白砂糖…2小捏

B
水…⅓杯
淀粉…1½小勺
鸡精、酱油、香油……各1小勺

米饭…2碗
豌豆罐头（选用）…适量

做法

1 小葱切成葱花。

2 准备一个直径15cm左右的小平底锅，热油。将材料A混合均匀后加入葱花，倒入锅中，边搅拌边煎至半熟后盖上盖子，小火加热至表面凝固即可。

3 米饭盛盘，盖上煎好的芙蓉蛋。将锅迅速清洗一下，倒入材料B，中火边搅拌边加热至黏稠，关火。

4 将芡汁淋在芙蓉蛋上，最后根据个人口味撒上豌豆。

小贴士

ⓐ 蔬菜加热后会出水，所以不要用太浅的盘子。

担担面风味豆芽肉末拌饭 ♡

经济实惠的豆芽可以随意添加，无须心疼成本的经济食谱。不光味道，卖相上也是高品质的一道料理！

材料 （2人份）

韭菜…½把（50g）
胡萝卜…⅓根（20g）
猪肉馅（或鸡肉馅）…200g

A
味噌…2大勺
清酒、味醂、白砂糖、白芝麻…各1大勺
蒜泥、姜泥、豆瓣酱…各½小勺

豆芽…1包（200g）
米饭…2碗
辣椒丝（选用）…适量

做法

1 韭菜切成适口长度，胡萝卜切丝，猪肉馅里加入材料A，搅拌均匀。

2 准备一个深一点儿的碗，将韭菜、豆芽和胡萝卜平铺在碗中，再铺上猪肉馅。盖上耐热保鲜膜，用微波炉600W加热7分钟，搅拌均匀ⓐ。

3 米饭盛盘，盖上蔬菜肉末。根据个人口味撒上辣椒丝。

水果三明治一盘餐

怀旧的西式茶室里会出现的水果三明治，
配上加了温泉蛋的凯撒沙拉，一下就丰盛了起来。

配菜
葡萄

温泉蛋凯撒沙拉

02

01

水果三明治

01 水果三明治

切开的横截面露出好多水果，超可爱。

材料 （2人份）

黄桃（罐头）…2块
猕猴桃…⅓个
草莓…4个

A | 鲜奶油…140mL
   | 白砂糖…1大勺

吐司…4片

做法

1 将黄桃切成4等份。猕猴桃削皮，切成1cm的厚片。草莓去蒂，对半切开。
2 将材料A倒入碗中，用打蛋器打发。
3 将吐司边切掉，2片涂上步骤2中一半的奶油，放入步骤1的水果。剩余的2片也同样操作。用保鲜膜包裹后放入冰箱冷藏1个小时以上。拿出后沿着对角线切成4份即可。

02 温泉蛋凯撒沙拉

蔬菜沙拉裹着口感醇厚的温泉蛋，吃得停不下来。

材料 （2人份）

厚切培根…50g
小番茄…6个
红叶生菜…4片

A | 蛋黄酱…2大勺
   | 芝士粉…2小勺
   | 牛奶、醋…各1小勺
   | 白砂糖…½小勺
   | 蒜泥…少许

温泉蛋…2个
芝士粉…适量

做法

1 将厚切培根切成5mm长的条，小番茄纵向对半切开。
2 热少许油，放入培根煎至焦香。
3 在盘子里放入小番茄和撕成小块的红叶生菜，放入培根，撒上混合均匀的材料A，再加上温泉蛋，撒上芝士粉即可。

01 番茄洋葱沙拉

连沙拉酱汁也是自制的。

材料 （2人份）

洋葱…⅛个
番茄…1个

A
| 柚子醋酱油…1大勺
| 香油…1小勺
| 白砂糖…½小勺

做法

1 洋葱切碎，放入水中泡5分钟后控水。番茄切成1.5cm见方的块。
2 将材料A倒入碗中，混合均匀，加入步骤1的材料，混合拌匀。

02 新加坡风味海南鸡饭

米饭吸足了鸡肉的汁水，鲜美至极。

材料 （2人份）

鸡腿肉…1片（250g）
盐、黑胡椒…各少许
大葱…10cm
小葱…2根
米…2杯

A
| 蒜泥、姜泥…各少许
| 鸡精…2小勺
| 酱油…2大勺

B
| 白砂糖…1大勺
| 醋、蚝油、香油…各1小勺

煮鸡蛋…2个

做法

1 鸡腿肉两面用叉子扎出小孔，撒上盐和黑胡椒。大葱切末，小葱切成葱花。米淘好后控水，备用。
2 将米倒入电饭锅，放入大葱末和材料A，加适量水，鸡皮朝上放入鸡腿肉，制作米饭。
3 米饭煮好后取出鸡腿肉，切成1.5cm宽的块。米饭盛盘，放入鸡肉块。撒上小葱葱花，淋上混合均匀的材料B，最后配上切成两半的煮鸡蛋。

配菜
红叶生菜
黄瓜

番茄洋葱沙拉

01

02

新加坡风味海南鸡饭

新加坡风味海南鸡饭一盘餐

用电饭煲就可以做的新加坡海南鸡饭，
搭配用柚子醋酱油拌的番茄沙拉，非常爽口。

蛋包红烩牛肉饭一盘餐

在蛋包饭上浇上红烩牛肉，配上酸酸的腌泡菜，爽口解腻。

配菜
嫩叶蔬菜

080

01 蛋包红烩牛肉饭

02 豌豆荚混合豆子腌泡菜

01 蛋包红烩牛肉饭

松软蛋皮和红烩酱汁的黄金搭配。

材料 （2人份）

牛肉片…120g
洋葱…½个
黄油…20g
低筋面粉…1½大勺

A
番茄罐头（块）…½罐（200g）
水…70mL
番茄酱、日式伍斯特中浓酱…
　各1½大勺
牛奶…1大勺
白砂糖…½大勺
法式清汤素…1小勺

B
鸡蛋…4个
牛奶…3大勺
盐、黑胡椒…各少许

米饭…2碗
欧芹碎（选用）…适量

做法

1 制作红烩酱汁。将牛肉片切成适口大小，洋葱切丝。

2 中火加热10g黄油，放入步骤1的材料翻炒均匀，洋葱炒软后关火，撒入低筋面粉，混合均匀后小火炒1分钟，加入材料A，中小火煮5分钟。

3 制作蛋皮。另起锅，加热10g黄油，倒入一半材料B，不断搅拌直至蛋液半凝固，盛出。将剩下的蛋液再做个同样的蛋皮。

4 米饭盛盘，放入步骤3的蛋皮，浇上步骤2的红烩牛肉，根据个人口味撒上欧芹碎。

02 豌豆荚混合豆子腌泡菜

用罐头制作，简单快手。

材料 （2人份）

豌豆荚…7根

A
橄榄油…2大勺
醋…1大勺
颗粒黄芥末酱…½小勺
盐、黑胡椒…各少许

混合豆子罐头…50g
生菜（选用）…适量

做法

1 豌豆荚掐去头尾，去筋，用盐水迅速焯一下，过冷水后，沥干水分，切成两半。

2 将材料A倒入碗中混合，加入豌豆荚和混合豆子，拌匀。

3 将生菜放入盘中，当作小容器，盛入步骤2的材料。

01 四季豆鸡蛋沙拉配黄芥末酱汁

吃一次就上瘾的沙拉。

材料 （2人份）

四季豆…40g
煮鸡蛋…2个
A | 酱油、蛋黄酱、颗粒黄芥末酱…各1小勺
白砂糖…½小勺

做法

1. 四季豆去筋，用盐水焯熟后过冷水，控干水分。煮鸡蛋切成4块。
2. 将四季豆和鸡蛋盛盘，淋上混合好的材料A。

02 法式浓酱鸡肉炖菜

加一点儿味噌，会让味道更浓郁。

材料 （2人份）

鸡腿肉…1片（250g）
土豆…2个
胡萝卜…⅓根
洋葱…¼个
蒜…1瓣
黄油…15g
A | 水…100mL
清酒…50mL
法式清汤素…1小勺
B | 法式炖牛骨浓酱罐头…⅓罐（140g）
番茄酱…1½大勺
味噌…1小勺
欧芹碎…适量

做法

1. 鸡腿肉切成3cm见方的块，土豆切成2cm见方的块，胡萝卜切成1.5cm长的滚刀块，洋葱切成1cm厚的圈，蒜切薄片。
2. 平底锅加热黄油，放入蒜片爆出香味后放入鸡腿肉翻炒变色，放入土豆、胡萝卜和洋葱，翻炒3分钟。加入材料A，盖上盖子，中小火炖煮10分钟。再加入材料B，小火继续炖煮10分钟。盛盘，撒上欧芹碎。

03 平底锅版快手小面包

无须发酵，只需一个平底锅。

材料 （4个）

A | 低筋面粉…120g
泡打粉…5g
白砂糖…1大勺
盐…2小捏
蛋液…1个鸡蛋的量
牛奶…约2大勺
色拉油…1小勺
蓝莓酱（选用）…适量

做法

1. 将材料A倒入碗中，用打蛋器搅拌均匀。倒入蛋液，再次搅拌。倒入牛奶，用刮刀混合搅拌。
2. 在案板上撒上材料外的低筋面粉，将步骤1的面团揉圆，分成4等份，再分别揉圆，然后用手掌压成1cm厚的圆饼。
3. 中火加热色拉油，放入步骤2的面饼，盖上盖子，小火烤5分钟。翻面，盖上盖子再烤3分钟。盛盘，根据个人口味搭配蓝莓酱。

配菜
番茄
车厘子

02 法式浓酱鸡肉炖菜

01 四季豆鸡蛋沙拉配黄芥末酱汁

03 平底锅版快手小面包

快手面包早餐一盘餐

刚出炉的自制小面包、品类丰富的炖菜和四季豆沙拉。一个盘子里食材多种多样，营养丰富，吃得饱饱的。

配菜
红叶生菜
豌豆
小番茄
米饭

蛋黄酱火腿
鸡蛋沙拉

01

02

蜂蜜味噌酱渍
烤鸡肉

味噌酱渍烤鸡肉一盘餐

酱香浓郁的味噌烤鸡肉和美味的鸡蛋沙拉，分量十足，非常适合男生。

01 蛋黄酱火腿鸡蛋沙拉

用蛋白作为盛装容器，非常可爱的沙拉。

材料 （2人份）

火腿…2片
煮鸡蛋…2个
A ｜ 蛋黄酱…1大勺
　 ｜ 盐、黑胡椒…各少许
欧芹碎…适量

做法

1 火腿切碎，煮鸡蛋纵向切成两半，取出蛋黄，蛋白备用。将火腿和蛋黄倒入碗中，加入材料A混合均匀。

2 将步骤1的材料盛到蛋白中，撒上欧芹碎。

02 蜂蜜味噌酱渍烤鸡肉

鲜香浓郁的甜辣味，让人食欲大开。

材料 （2人份）

鸡腿肉…1片（250g）
A ｜ 味噌…1½大勺
　 ｜ 蜂蜜、清酒…各1大勺
　 ｜ 酱油…1小勺
　 ｜ 蒜泥、姜泥…各少许
大葱…½根
色拉油…适量

做法

1 鸡腿肉用叉子将两面都扎出小孔，然后片成8mm厚的片，放入保鲜袋中，倒入材料A，揉匀。大葱切成1cm宽的段。

2 中火热油，将步骤1的鸡腿肉和酱汁一起放入锅中，鸡皮朝下，同时放入大葱段。鸡腿肉煎至焦香后翻面，盖上盖子，小火再煎3分钟。

芝士柠檬明太子意面一盘餐

用柠檬调味的明太子意大利面非常清新爽口，配上甜甜的南瓜沙拉，再加点儿煎烤西葫芦，一下子就有了咖啡馆的感觉。

01 黄油香煎西葫芦

用黄油煎的西葫芦，好吃到停不下筷子。

材料（2人份）

西葫芦…⅓根
黄油…10g
盐、黑胡椒…各少许

做法

1 西葫芦切成8mm厚的片。
2 加热黄油，放入西葫芦片，煎至两面焦黄，撒盐和黑胡椒。

02 芝士柠檬明太子意面

酸、咸、辣3种味道非常和谐地交融在一起。

材料（2人份）

辣味明太子…1个（50g）
蒜…1瓣
意大利面（1.6mm）…160g
橄榄油…1½大勺
A │ 黄油…15g
 │ 牛奶…4大勺
 │ 芝士粉…1½大勺
 │ 柠檬汁…1大勺
 │ 盐、黑胡椒…各少许
柠檬片、黑胡椒…各适量

做法

1 辣味明太子去皮、捣碎，蒜切成末。
2 意大利面按照说明时间缩短1分钟煮好，捞出后控干水分。
3 中小火加热橄榄油，放入蒜末爆香后加入明太子，快速翻炒，加入材料A快速拌匀。倒入煮好的意大利面，小火炒匀。盛盘，搭配柠檬片，撒上黑胡椒。

配菜
水芹
彩椒

黄油香煎西葫芦

 01

02 芝士柠檬明太子意面

03 蜂蜜蛋黄酱口味南瓜葡萄干沙拉

03 蜂蜜蛋黄酱口味南瓜葡萄干沙拉

蜂蜜稍微多加点儿，就是一道甜品沙拉了。

材料（2人份）

小南瓜…¼个（300g）
A │ 葡萄干…20g
 │ 盐、黑胡椒…各少许
B │ 蛋黄酱…2大勺
 │ 蜂蜜…1大勺

做法

1 小南瓜去瓤、去子、削皮后切成2cm见方的块，放入碗中，盖上耐热保鲜膜，用微波炉600W加热5分钟。
2 趁热将南瓜捣碎，加入材料A，拌匀。放凉后再加入材料B，搅拌均匀。

法式浓酱汉堡排一盘餐

用浓厚的法式牛骨浓酱炖煮的汉堡排，
搭配酸味沙拉。

芝麻菜橘子沙拉

03

配菜
米饭

微波土豆块

02

01

法式浓酱汉堡排

01 法式浓酱汉堡排

用酱汁罐头制作，非常便捷。

材料 （2人份）

洋葱…¼个

A
| 混合肉馅…180g
| 面包糠、牛奶…各1大勺
| 蛋黄酱…2小勺
| 盐、黑胡椒…各少许

色拉油…适量

B
| 法式牛骨浓酱罐头…90g
| 番茄酱…1大勺
| 酱油、蜂蜜…各1小勺

黄油…10g

温泉蛋…2个

做法

1 洋葱切碎，和材料A一起放入碗中，混合均匀，分成2份，做成汉堡排的形状，中间稍微压扁一点儿。

2 中火热油，摆入汉堡排，煎至焦香后翻面，盖上盖子，中小火煎2分钟。

3 倒入材料B，小火边搅拌边煮5分钟左右，关火后放入黄油。盛盘，淋上酱汁，放上温泉蛋。

02 微波土豆块

只需用微波炉加热即可。

材料 （2人份）

土豆…2个（200g）

A | 盐、黑胡椒碎…各少许

做法

土豆切成2cm见方的块，放入碗中，盖上耐热保鲜膜，用微波炉600W加热3分30秒，撒上材料。

03 芝麻菜橘子沙拉

橘子罐头的甜味正好中和了芝麻菜的苦味。

材料 （2人份）

芝麻菜…1包

橘子罐头…80g

| 原味酸奶（无糖）…2大勺
| 橄榄油、橘子罐头汁…各1小勺
| 盐、黑胡椒…各少许

做法

芝麻菜切成两半，和橘子罐头一起放入碗中，拌匀。

盛盘，淋上混合均匀的材料。

01 软糯香甜的薄煎松饼

只需3种材料就可以搞定的薄煎松饼。

材料 （2人份）

A
薄煎松饼预拌粉（市售）…150g
原味酸奶（无糖）…100g
牛奶…6大勺
薄荷叶、枫糖浆（均选用）…各适量

做法

1 将材料A倒入碗中，混合均匀。
2 准备一块湿毛巾，中火热锅后将锅放到湿毛巾上冷却一下，再放回灶台，转小火，倒入步骤1中1/6的材料，表面开始冒气泡后翻面，再加热1分钟。再按照同样的操作制作5片松饼。
3 将松饼盛盘，根据个人口味撒薄荷叶，淋枫糖浆。

02 培根圆白菜番茄奶油浓汤

奶香十足的浓汤。

材料 （2人份）

培根…2片
圆白菜…½个（100g）
洋葱…¼个
色拉油…2小勺

A
水…100mL
番茄罐头（块）…½罐（200g）
法式清汤素…1½小勺
白砂糖…1小勺
盐、黑胡椒…各少许
鲜奶油…50mL

做法

1 培根切1cm宽条，圆白菜切成3cm长段，洋葱切丝。
2 中火热油，放入培根和洋葱翻炒均匀。洋葱炒软后加入圆白菜快速翻炒，加入材料A煮沸，转中小火再煮4分钟。倒入鲜奶油，煮沸后关火。

03 猕猴桃酸奶

在酸奶里加入新鲜的猕猴桃果酱。

材料 （2人份）

猕猴桃…1个
白砂糖…1大勺
原味酸奶（无糖）160g

做法

1 猕猴桃去皮后碾成泥，和白砂糖一起放入碗中，搅拌均匀。
2 将酸奶盛到容器中，倒入步骤1的猕猴桃果酱。

猕猴桃酸奶 **03**

培根圆白菜番茄奶油浓汤 **02**

01 软糯香甜的薄煎松饼

配菜
香肠
番茄酱
颗粒黄芥末酱
煎蛋

薄煎松饼一盘餐

曾想过要是可以吃到这样的早餐该多幸福呀！看起来丰盛豪华，一整天的好心情从早餐开始。

饭团一盘餐

配菜
番茄
水晶菜

将饭团做成一盘餐风格，竟然如此可爱。搭配上肉、鱼、蔬菜，营养均衡。

明太子土豆沙拉
01

03
酱油芝士饭团

02
梅干柚子醋烧
鸡小胸

01 明太子土豆沙拉

加入明太子的重量级土豆沙拉。

材料 （2人份）

辣味明太子…½个（30g）
土豆…2个（250g）
A 柠檬汁…½小勺
  盐、黑胡椒…各少许
B 蛋黄酱…1½大勺
  牛奶…1小勺

做法

1 辣味明太子去皮、捣碎。土豆切成2cm见方的块，放入碗中，盖上耐热保鲜膜，用微波炉600W加热3分30秒。
2 在步骤1的土豆中趁热倒入材料A，边搅拌边捣碎，放凉后加入明太子和材料B，略微搅拌一下即可。

02 梅干柚子醋烧鸡小胸

清爽的梅子酱汁和饭团搭配非常和谐。

材料 （2人份）

鸡小胸…3条（200g）
A 盐、黑胡椒…各少许
  清酒…1大勺
低筋面粉…适量
梅干…1个
紫苏叶…6片
色拉油…适量
B 柚子醋酱油、味醂…各1½大勺

做法

1 鸡小胸去筋，两面用叉子扎出小孔后片成8mm厚的片，和材料A一起装入保鲜袋中，揉匀后两面蘸裹低筋面粉。梅干去核，剁碎。紫苏叶切细丝。
2 热油，放入鸡小胸煎至焦黄后翻面，盖上盖子，再煎1分钟。加入材料B和梅子泥，煮至入味。盛盘，放上紫苏丝。

03 酱油芝士饭团

日式口味的饭团与芝士，绝配。

材料 （2人份）

A 米饭…2碗
  木鱼花…5g
  蘸面汁（2倍浓缩）…2小勺
  酱油…1小勺
  木鱼素…½小勺
芝士片…2片
色拉油、黑芝麻（选用）…各适量

做法

1 将材料A倒入碗中，用饭勺拌匀。芝士片分成6等份。
2 手蘸一下水，将步骤1的米饭分成6等份，分别握成圆球，放上芝士片。
3 烤盘上铺锡纸，涂抹色拉油，放入步骤2的饭团。用吐司机1000W加热4分钟至芝士化开，最后撒上黑芝麻。

PART 6

GUYS LOVE HEARTY OKAZU

男生超喜欢的大分量菜

以前在杂志上介绍过男生系列菜，
在此基础上又增加了一些受欢迎的菜谱。
不光是男生，小朋友也非常喜欢。
男孩子们真的很能吃啊！

黄金比例酱汁芝士鸡肉饼 ♡

堪比汉堡排的大分量料理，中间流着化开的芝士。我家的男孩子们都超级喜欢吃，满足感超强的一道菜。

材料 （2人份）

洋葱…¼个

A
- 鸡肉馅…200g
- 姜泥…少许
- 蛋黄酱、淀粉…各1大勺
- 盐、黑胡椒…各少许

比萨用芝士…2大勺

色拉油…适量

B 白砂糖、酱油、味醂、清酒…各1大勺

做法

1 洋葱切碎，和材料 一起放入碗中，搅拌均匀，分成2份。分别包入1大勺芝士，做成圆饼。中火热油，放入鸡肉饼煎至焦香后翻面，盖上盖子，中火煎4分钟。将混合均匀的材料B倒入锅中，煮至黏稠即可。

辣炸猪里脊 ♡

日本三重县四日市的特产，参照大块的炸猪排，用伍斯特酱腌一下，增添一丝辛辣味道。

材料 （2人份）

猪里脊肉（炸猪排用）…250g
A
 伍斯特酱…1大勺
 酱油、味醂、蒜泥…各1小勺
 盐、黑胡椒…各少许
淀粉、色拉油…各适量
柠檬角…2块

做法

1 猪里脊肉两面用叉子扎出小孔，切成1.5cm宽的条。和材料A一起装入保鲜袋，揉匀，静置10分钟。

2 将腌好的猪里脊肉裹上淀粉，放入170℃的热油中炸5分钟，捞出控油。盛盘，挤上柠檬汁。

大吃一口
元气满满

韩式照烧白身鱼 ♡

味道清淡的白身鱼用韩式做法制作后风味十足，微微的辣味，很下饭。用自己喜欢的鱼来试试！

材料 （2人份）

鳕鱼块…2块
盐、黑胡椒…各适量
淀粉…适量
青辣椒…6个
灰树花…½包
香油、白芝麻（选用）…各1大勺
A
 白砂糖、清酒、酱油、韩式辣酱…各2小勺

做法

1 鳕鱼块上撒盐和黑胡椒，裹一层薄薄的淀粉。青辣椒扎上小孔，以防爆开。灰树花分成适口大小。

2 中火加热香油，放入鳕鱼块煎至焦黄后翻面，在锅中空余处放入青辣椒和灰树花，撒盐和黑胡椒，盖上盖子中小火煎2分钟。将青辣椒和灰树花取出，盛盘。在锅中倒入材料A，煮至收汁。

3 将鳕鱼块盛盘，撒上白芝麻。

猪肉天妇罗 ♡

用猪肉片炸成天妇罗，日式风格的调味，酥脆可口。

材料 （2人份）

A
- 水…120mL
- 天妇罗粉…5大勺
- 淀粉…1大勺
- 木鱼素…½小勺
- 盐、黑胡椒…各少许

猪肉片…160g
色拉油…适量
萝卜泥…10cm的量
紫苏叶5片
柚子醋酱油…适量

做法

1 将材料A混合均匀，做成天妇罗面衣，猪肉片分别铺展开，裹上面衣。

2 将猪肉片逐个放入170℃的热油中炸至酥脆。

3 将炸好的猪肉片盛盘，搭配萝卜泥和切丝的紫苏叶，蘸着柚子醋酱油一起吃。

炸鸡天妇罗也非常好吃

090

意式番茄炖鸡 ♡

鸡肉切成大块，吃起来很有口感的一道菜。不会很酸，味道非常柔和。

材料 （2人份）

鸡腿肉…1片（250g）

A
- 盐、黑胡椒…各少许
- 低筋面粉…适量

洋葱…½个
蒜…1瓣
橄榄油…1大勺
白葡萄酒（或清酒）…2大勺

B
- 番茄罐头（整个）…½罐（200g）
- 水…100mL
- 番茄酱…1大勺
- 法式清汤素…1½小勺
- 白砂糖…1小勺

盐、黑胡椒、罗勒叶（选用）…各适量

做法

1 鸡腿肉切成3cm见方的块，撒上材料A。洋葱切成1cm厚的条，蒜切末。

2 中火加热橄榄油，将蒜末爆香后放入鸡腿肉，煎至金黄色后翻面，放入洋葱炒软，倒入白葡萄酒翻炒，酒精挥发后倒入材料B，煮沸后转中小火，边搅拌边煮15分钟，加入盐和黑胡椒调味。盛盘，根据个人口味放入罗勒叶。

麻婆炸豆腐茄子 ♡

加入油炸豆腐，味道和分量双双升级。曾经获得过杂志最受欢迎的菜单。

材料 （2人份）

茄子…2根
油炸豆腐…1块（200g）

A | 香油…1大勺
  | 豆瓣酱…1小勺
  | 姜泥、蒜泥…各少许

猪肉馅…100g

B | 水…140mL
  | 味噌、白砂糖…各1大勺
  | 鸡精…1小勺

C | 水、淀粉…各1大勺

小葱葱花、辣椒丝（均选用）…各适量

做法

1　茄子切成适口大小，用盐水泡3分钟后捞出，控水并擦干。油炸豆腐切成适口大小。

2　平底锅热油，放入茄子过油炸后捞出。

3　用厨房纸巾将锅里剩余的油擦干，倒入材料A，放入猪肉馅，中火翻炒均匀。肉变色后放入油炸豆腐和茄子，倒入材料B，中小火煮3分钟。

4　将材料C充分拌匀，倒入锅中，搅拌均匀后煮至黏稠。盛盘，根据个人口味撒上葱花和辣椒丝。

材料（2人份）

洋葱…½个
带壳虾…8只（100g）
烧卖皮…20片

A
| 猪肉馅…100g
| 淀粉…⅔大勺
| 白砂糖…½小勺
| 酱油、鸡精、香油…各1小勺
| 姜泥…少许

圆白菜（或大白菜）…2片
水…1大勺

B | 柚子醋酱油、黄芥末酱…各适量

做法

1 洋葱切碎，虾去壳、去虾线，用刀剁成肉泥。烧卖皮竖着切成两半后再横着切成细丝。

2 将洋葱和虾放入碗中，加入材料A，搅拌均匀。将馅料分成10等份后揉成球，卷上步骤1的烧卖皮丝。

3 将圆白菜铺在盘子上，放入卷好的烧卖球，淋1大勺水，盖上耐热保鲜膜，放入微波炉，600W加热6分钟，取出后静置2分钟。盛盘，搭配材料B。

微波炉虾仁烧卖 ♡

颠覆烧卖又要包又要蒸的传统，用微波炉只需6分钟就可以完成。

蒜香味噌渍烤猪肉 ♡

短时间也可以腌渍入味，味道香浓。搭配用盐和黑胡椒清炒的蔬菜，清爽可口。

材料（2人份）

A | 味噌…2大勺
  | 白砂糖、味醂…各2小勺
  | 酱油、蒜泥各…少许
猪五花肉片（烤肉用）…200g
青椒…1个
色拉油…适量
豆芽…½包
盐、黑胡椒…各少许

做法

1 将材料A装入保鲜袋中，混合均匀，放入猪五花肉片，轻轻揉捏均匀，放置5分钟。青椒切细丝。
2 加热色拉油，放入豆芽和青椒迅速翻炒，加入盐和黑胡椒调味，盛盘。
3 锅里添加少许油，将步骤1的猪五花肉片连酱汁一起倒入锅中，两面煎成焦黄，和步骤2的蔬菜盛在一起。

超级下饭的
元气料理

香葱油汁煎鸡排 ♡

用平底锅就可以做出焦香多汁的鸡排，搭配用微波炉加热的香葱油汁，真好吃！

材料（2人份）

大葱…1根（100g）
蒜…1瓣（5g）
A | 香油…3大勺
  | 鸡精…1小勺
  | 盐…⅓小勺
鸡腿肉…2片（500g）
盐、黑胡椒…各少许

做法

1 大葱和蒜都切碎，和材料A一起放入碗中，用微波炉600W加热1分30秒，混合均匀。
2 鸡腿肉撒盐和黑胡椒。热油，将鸡腿肉鸡皮朝下放入锅中，煎至焦香。翻面，盖上盖子，小火再煎4分钟。切成适口的小块，盛盘，淋上步骤1的酱汁。

蘸香葱油汁或搭配
小菜都非常好吃

韩式山药烤猪肉 ♡

山药脆脆的，混合带点儿甜味的韩式辣酱，荤素均衡的一道丰富的小炒。

材料 （2人份）

猪五花肉薄片…150g

A
酱油…2大勺
白砂糖、清酒、味醂…
各1大勺
韩式辣酱…2小勺
蒜泥…少许

山药…15cm
韭菜…½把
洋葱…½个
香油…1大勺
白芝麻（选用）…1½大勺

做法

1 猪五花肉薄片切成5cm见方的块，和材料A一起装入保鲜袋中揉匀。

2 山药切成5mm厚的半圆形，韭菜切成3mm长段，洋葱切3mm厚的丝。

3 平底锅热油，放入山药片煎至焦香后翻面，加韭菜、猪肉片和洋葱翻炒，盛出后撒白芝麻。

炒制时间可以
稍长一点儿

糖醋葱汁烤肉沙拉 ♡

将猪肉片用盐和黑胡椒炒一下，糖醋葱汁用微波炉就可以做，淋在烤肉上，非常清爽。

材料 （2人份）

小葱…6根

A
白砂糖、酱油、醋…
各1½大勺
鸡精…½小勺

B
白芝麻…1大勺
香油…2小勺
姜泥…少许

猪五花肉薄片…300g
盐、黑胡椒…各少许
色拉油、辣椒丝（选用）…
各适量

做法

1 制作糖醋葱汁。小葱切葱花。将材料A放入碗中，用微波炉600W加热1分钟，趁热放入葱花和材料B，搅拌均匀。

2 将猪五花肉薄片切成5cm长的条，撒上盐和黑胡椒。

3 平底锅热油，放入猪肉片，两面煎至金黄色。盛盘，淋上步骤1的酱汁，根据个人口味撒上辣椒丝。

材料 （2人份）

鸡腿肉…1片（250g）
盐、黑胡椒…各少许
淀粉…适量
色拉油…1大勺

A
酱油1½大勺
味醂…1大勺
白砂糖…½大勺
柠檬汁…1小勺

温泉蛋…2个

做法

1 将鸡腿肉切成2.5cm见方的块，撒盐和黑胡椒，裹上一层薄薄的淀粉。

2 中火热油，放入鸡腿肉煎至金黄色后翻面，盖上盖子，小火煎3分钟。用厨房纸巾将锅中多余的油吸走，倒入材料A，煮至黏稠收汁。

3 盛盘，搭配温泉蛋。

超多汁水的照烧甜辣鸡 ♡

老少皆宜的甜辣鸡肉，加一点点柠檬汁，和温泉蛋拌着吃，做法非常简单。

材料 （2人份）

鸡腿肉…1片（250g）
盐、黑胡椒…各少许
淀粉…适量
蒜…1瓣
洋葱…¼个
A｜酱油…1大勺
　｜味醂…½大勺
黄油…15g

做法

1 将鸡腿肉厚的部分切开，撒盐和黑胡椒，裹上淀粉。蒜切薄片，洋葱碾成泥，放入碗中，倒入材料A拌匀。

2 平底锅放入黄油，中火将蒜片爆香后，鸡皮朝下放入鸡腿肉。蒜片煎至金黄色后、变焦前取出。鸡皮煎至金黄色后翻面，盖上盖子，继续煎4分钟左右。打开盖子，加入步骤1的洋葱酱汁，稍煮入味。

3 将煎好的鸡腿肉切成适口的条，盛盘，淋上锅中剩余酱汁，再放上之前取出的蒜片。

平底锅蒜香煎鸡排
配洋葱泥酱汁 ♡

煎至焦脆的鸡皮和蒜香黄油混合在一起，让人非常有食欲的一道菜。有酱油作基底，搭配白米饭也很好吃。

PART 7

VEGETABLES+MEAT

EASY OKAZU

蔬菜+肉
2种食材的简单小菜

我非常拿手的简单快手咖啡馆料理，
大家可以根据自己的喜好变换肉或菜的种类，
在忙碌的日子里，请大家试试这些简单的菜谱。

芝麻黄油味噌酱炒
圆白菜猪肉片 ♡

黄油的香甜和味噌的甜辣，混合芝麻的香气，味道好极了！
快速翻炒圆白菜是这道菜的秘诀。

材料 （2人份）

猪肉片…160g

A 淀粉…2小勺
清酒、酱油…各1小勺

圆白菜…¼个（250g）
蒜…1瓣
黄油…15g

B 味噌…1½大勺
清酒、味醂、白芝麻…各1大勺
白砂糖…1小勺

做法

1 将猪肉片和材料A一起放入保鲜袋中揉匀，圆白菜切成5cm见方的块，蒜切薄片。

2 平底锅中放入黄油，将蒜片爆香后放入猪肉片翻炒至变色，放入圆白菜炒软后倒入材料B，炒至收汁。

秋葵+牛里脊肉

超简单秋葵牛肉卷 ♡

鲜香的牛肉卷着秋葵，切开的横截面非常可爱，适合制作便当。

材料（2人份）

秋葵…10根
牛里脊肉片…150g
盐、黑胡椒…各少许
低筋面粉、色拉油、白芝
麻（选用）…各适量

A
味噌、味醂、清酒…
各1大勺
白砂糖、酱油…
各2小勺

做法

1 秋葵削掉根部硬的部分，撒盐，在
案板上滚搓后用清水洗净，擦干。
2 将牛里脊肉片展开后撒盐和黑胡
椒，放入秋葵，两端露出一点
儿，卷起来。按照同样的方法
卷10个秋葵牛肉卷，裹上一层低
筋面粉。
3 中火热油，将步骤2的秋葵牛肉卷
收口朝下放入锅中，煎至焦香后
盖上盖子，中小火再煎3分钟。
4 用厨房纸巾将锅中多余的油分擦
干，倒入材料A，煮至收汁。盛
盘，撒上白芝麻。

小贴士

ⓐ 将秋葵的两端露出来一
点儿，看起来更美观。

☑ **秋葵的滚搓方法**

将秋葵放在案板上，撒盐后用手掌轻轻前
后滚动揉搓，盐分可以滚进秋葵的皮中。
这样做既可以将秋葵表皮上的绒毛去掉，
口感更光滑，还可以保持翠绿的颜色，更
入味，也可以起到去涩味的作用。

099

芦笋+猪五花肉

芦笋五花肉卷
配咸柠黄油汁 ♡

看起来时尚、吃起来有食欲的一道汁水充足的蔬菜肉卷。配着
清爽的咸柠汁，即使油脂丰富的猪五花肉吃起来也不腻。

材料（2人份）

芦笋…6根
猪五花肉薄片…200g
盐、黑胡椒…各2小捏
黄油…1大勺
柠檬汁…½大勺
柠檬…1个
黑胡椒碎…适量

做法

1 将芦笋根部硬的部分切掉，用盐
水焯2分钟后擦干，放凉。
2 用猪五花肉薄片卷起芦笋，撒盐
和黑胡椒。按照同样的方法做6根
芦笋五花肉卷。
3 加热黄油，将芦笋五花肉卷边翻滚边
煎至肉变色后加入柠檬汁，关火。
将芦笋五花肉卷切成适口大小，和
切成半圆片的柠檬一起盛盘，撒
上黑胡椒碎，最后再挤上柠檬汁。

圆白菜+鸡腿肉

蒜香黄油煎圆白菜鸡腿肉 ♡

用冰箱里剩的圆白菜搭配鸡腿肉做的一道料理，盐和黄油能将圆白菜的香甜味道更好地展现出来。

材料 （2人份）

鸡腿肉…1片（250g）
A ┤ 淀粉…1小勺
  │ 蒜泥…少许
  └ 盐…½小勺
圆白菜…¼个（250g）
黄油…15g
鸡精…½小勺
黑胡椒碎…适量

做法

1 鸡腿肉切成2cm见方的块，和材料A一起装入保鲜袋中，揉匀。圆白菜切成3cm见方的块。

2 中火加热黄油，鸡皮朝下将鸡腿肉放入锅中，煎至金黄色后翻面，放入圆白菜，盖上盖子，中小火煎4分钟 ⓐ。放入鸡精，将圆白菜炒软。盛盘，撒上黑胡椒碎。

小贴士

ⓐ 可根据圆白菜的软硬和个人喜好来调整煎制的时间。

红薯+鸡腿肉

蜂蜜黄芥末
香煎红薯鸡腿肉 ♡

鸡肉用煎的方法来烹饪，口感非常松软。可根据个人喜好搭配柠檬汁。

材料 （2人份）

鸡腿肉…1片（250g）
A ┤ 低筋面粉…1大勺
  └ 盐、黑胡椒…各少许
红薯…1根（200g）
色拉油…适量
白葡萄酒（或清酒）…1大勺
  ┌ 蜂蜜、颗粒黄芥末酱…
B ┤   各2大勺
  └ 酱油…½大勺
莳萝（选用）…适量

做法

1 鸡腿肉切成2cm见方的块，裹上材料A。红薯带皮切成8mm厚的片，放入碗中，盖上耐热保鲜膜，微波炉600W加热3分钟。

2 中火热油，放入鸡腿肉，煎至金黄色后翻面，将鸡腿肉推到锅的边缘，将红薯放在空出来的位置，倒入白葡萄酒，盖上盖子，煎3分钟。

3 用厨房纸巾将锅中多余的油分擦干，加入材料B，翻炒至水分蒸发。盛盘，根据个人喜好搭配莳萝。

豆芽+猪肉馅

咖喱酱油豆芽炒肉末 ♡

一点点肉末和足量豆芽做的一道美味又节俭的料理。用淀粉稍微勾芡，肉末和豆芽就不那么松散了。

材料（2人份）

色拉油…适量
蒜泥…少许
猪肉馅…120g
豆芽…1袋
咖喱粉…1大勺

A
清酒、味醂、酱油…各1大勺
白砂糖…2小勺

B
水…2小勺
淀粉…1小勺

欧芹碎（选用）…适量

做法

1 中火将蒜爆香，放入猪肉馅翻炒变色后加入豆芽，快速翻炒，加入咖喱粉和材料A，将豆芽炒熟。

2 关火，倒入混合好的淀粉溶液B。再次开小火，边搅拌边翻炒至黏稠。盛盘，根据个人喜好撒上欧芹碎。

洋葱+猪五花肉

洋葱猪五花
万能芝麻酱沙拉 ♡

猪五花肉和洋葱搭配出的健康料理，加入大量研磨芝麻碎酱汁，非常绵密柔和。

材料（2人份）

猪五花肉薄片…250g
洋葱…1½个
蒜…1瓣
小葱…2根
清酒…2大勺

A
蛋黄酱、白芝麻碎…各3大勺
柚子醋酱油…2大勺
白砂糖、蘸面汁（2倍浓缩）…各1大勺
香油…2小勺

做法

1 猪五花肉片切成适口大小。洋葱切成两半后，再切成5mm厚的丝。蒜切薄片，小葱切葱花。

2 锅中倒水，放入蒜片和清酒，煮至沸腾后放入洋葱煮1分钟，捞出后沥干水分。同一锅中再放入猪五花肉，煮至变色后捞出，沥干水分ⓐ。

3 在碗中放入步骤2的材料以及材料A，拌匀。盛盘，撒上葱花。

小贴士

ⓐ 煮过的洋葱和猪五花肉不要过冷水。

茄子+鸡肉馅

味噌肉末茄子♡

茄子用油炸一下，非常软糯，浇上肉末一起吃吧。味噌肉末和很多蔬菜都非常搭配，可以准备一些长期备用。

材料 （2人份）

茄子…2个

A
| 鸡肉馅…100g
| 香油、白砂糖、味醂、
| 酱油、味噌…各½大勺
| 姜泥…少许

色拉油、豆苗（选用）…各适量

做法

1 茄子切成1.5cm厚的滚刀块，用盐水泡5分钟，用厨房纸巾擦干水分。豆苗去根。

2 将材料A在碗中混合均匀，盖上耐热保鲜膜，用微波炉600W加热1分30秒。取出后搅拌均匀，再加热30秒，再搅拌均匀。

3 茄子放入180℃的热油中炸3分钟。盛盘，浇上步骤2的肉末，撒上豆苗。

小贴士

ⓐ 柠檬汁根据个人口味调整用量。

ⓑ 芦笋焯水后再切，这样不会导致水分过多。

芦笋+鸡腿肉

柠檬酱油照烧
甜辣芦笋鸡块♡

根据普通照烧鸡块进行改良的版本，加了柠檬汁后更加清爽，即使凉了也好吃，适合作便当。

材料 （2人份）

鸡腿肉…1片（250g）

A
| 淀粉…1大勺
| 盐、黑胡椒…各少许

芦笋…3根
柠檬…¼个
色拉油…适量

B
| 酱油…1½大勺
| 白砂糖…1大勺
| 清酒…½大勺

柠檬汁ⓐ…¼大勺

做法

1 鸡腿肉切成适口大小，和材料A一起装入保鲜袋中，揉匀。芦笋去掉根部硬的部分，用盐水焯2分钟，捞出后沥干水分，晾凉后切成3cm长的段ⓑ。柠檬切扇形片。

2 中火热油，将鸡腿肉煎至金黄色后翻面，放入芦笋，盖上盖子，小火再煎4分钟。

3 将材料B混合均匀后倒入锅中，煮至收汁。加入柠檬汁快速翻炒一下后关火。盛盘，放入柠檬。

盐炒培根山药 ♡

超级美味的培根炒山药，用香油和盐进行调味。山药不要炒得过度。

材料（2人份）

培根…120g
山药…20cm
香油…2小勺

A
> 鸡精…½小勺
> 蒜泥…少许
> 盐、黑胡椒…各少许

小葱葱花…适量

做法

1. 培根切成8mm厚的片，再切成手指宽的条。山药削皮，切成4cm长的段，再切分成几小条。
2. 平底锅加热香油，放入培根和山药 ⓐ。培根煎至金黄色后加入材料A翻炒。盛盘，根据个人口味撒上葱花。

小贴士

ⓐ 最好不要过多翻炒，这样更容易炒出焦香的味道。

蒜香黄油酱烧
蟹味菇五花肉 ♡

大人小孩都非常喜欢的黄油酱烧口味，三下五除二就做可以做好。

材料（2人份）

猪五花肉…200g
蟹味菇…1包
蒜…1瓣
黄油…20g

A
> 酱油…1大勺
> 盐、黑胡椒…各少许

欧芹碎…适量

做法

1. 猪五花肉切成5cm长的段，蟹味菇去根，蒜切薄片。
2. 加热黄油，放入蒜片和五花肉翻炒。肉变色后放入蟹味菇炒软，倒入材料A翻炒均匀。盛盘，根据个人口味撒上欧芹碎。

鸡腿肉…1片（250g）
淀粉…适量
南瓜…⅙个（160g）
辣椒…½个
紫苏…5片
A ┃ 酱油…2大勺
┃ 醋、白砂糖…各1大勺
香油…1小勺
色拉油…2大勺

做法

1 鸡腿肉切成2cm见方的块，裹上淀粉。
   南瓜去子、去瓤，切成5mm厚的片。辣
   椒切小圈，紫苏切细丝。

2 将辣椒和材料A一起放入碗中，盖上耐
   热保鲜膜，微波炉600W加热1分钟，倒
   入香油，搅拌均匀。

3 中火热油，放入鸡腿肉和南瓜，煎至金
   黄色后翻面，盖上盖子，小火再煎3分
   钟。鸡腿肉和南瓜熟后沥油，放入步骤2
   的碗里，混合均匀，放置5分钟。盛盘，
   放上紫苏。

南瓜+鸡腿肉

中式鸡肉烧南瓜 ♡

鸡肉用平底锅煎烤后泡在酱汁里即可。酸的酱汁和甜的南瓜组合在一起，非常棒。

橄榄油蒜香四季豆烧鸡 ♡

多汁的鸡腿肉和有嚼劲的四季豆，用蒜和橄榄油进行调味，不管是配面包还是配饭都很不错。

材料 （2人份）

鸡腿肉…1片（250g）

A | 清酒、淀粉…各½大勺
　| 盐、黑胡椒…各少许

四季豆…40g

蒜…1瓣

辣椒…1个

橄榄油…1大勺

盐、黑胡椒…各少许

做法

1 鸡腿肉切成2cm见方的块，和材料A一起装入保鲜袋中，揉匀。四季豆去头尾、去筋，切成两段。蒜切薄片。

2 平底锅中放入辣椒和蒜，倒入橄榄油，小火爆香后开中火，放入鸡腿肉翻炒至金黄色后翻面，放入四季豆，盖上盖子，中小火煎4分钟 ⓐ，加盐和黑胡椒调味。

小贴士

ⓐ 四季豆不要烧得太软烂，稍微留一点儿脆感更好吃。

105

小松菜+猪肉片

小松菜芡汁炒猪肉片 ♡

中式的勾芡酱汁，配白米饭一绝，用菠菜代替小松菜也可以。

材料 （2人份）

猪肉片…180g

A | 清酒…2小勺
　| 盐、黑胡椒…各少许

小松菜…2把

蒜…1瓣

香油…1大勺

B | 清酒、蚝油…各1大勺
　| 淀粉…2小勺
　| 鸡精、酱油、白砂糖…
　| 　各1小勺
　| 水…100mL

做法

1 将猪肉片和材料A一起倒入保鲜袋中揉匀。小松菜切成3cm长的段，蒜切薄片。

2 平底锅倒入香油，放入蒜片爆香后放猪肉片翻炒变色，放入小松菜翻炒软后倒入材料B，边搅拌边煮至黏稠。

白菜+猪五花肉

五花肉白菜西式千层蒸 ♡

将五花肉和白菜一层层地贴起来，做成千层派的样子，加入西式的调味。看起来非常奢华，可以在特别的日子里做的一道菜。

材料（直径18cm、高6cm的锅，1个）

白菜…3片
猪五花肉片…180g

A｜水…70mL
｜白葡萄酒（或清酒）…50mL
｜法式清汤素…2小勺
｜盐、黑胡椒…各少许

黄油…15g
黑胡椒碎…适量

做法

1 白菜纵向一分为二。在一片白菜上铺猪五花肉片，再放白菜，再放猪五花肉片。按照这个叠加顺序将白菜和猪五花肉片都叠完为止。然后切成5cm的长段，从锅边开始往锅中央码放整齐。

2 锅中倒入材料A，放黄油，中火加热至沸腾后盖上盖子，中小火焖10分钟，最后撒上黑胡椒碎。

白萝卜+鸡翅根

甜辣鸡翅根白萝卜生姜烧 ♡

即使放凉也非常好吃的一道料理。白萝卜吸足了味道，隔天更好吃。

材料（2人份）

鸡翅根…6个
白萝卜…16cm
姜…½个
香油…1大勺

A｜水…250mL
｜酱油…3½大勺
｜白砂糖、清酒…各2大勺

味醂…1大勺

做法

1 鸡翅根用叉子扎出小孔，白萝卜切成2.5cm大小的滚刀块，姜切薄片。

2 中火加热香油，放入鸡翅根，炒上色后加入白萝卜翻炒2分钟。放入姜片和材料A，盖上一层锡纸做锅盖，中小火煮30分钟。

3 倒入味醂，中火煮3分钟，煮至收汁ⓐ。

小贴士

ⓐ 放凉的过程会更入味，这道菜会更好吃。

PART 8

SIDE DISH & SOUP

美味又好做的小菜和汤

除了主菜，再配上一点点小菜、味噌汤或其他汤类，
这样就有套餐的感觉了。
即使是同一道主菜，变换一下小菜，
料理也变得丰富多样了。

咖喱金平五花肉藕片 ♡

用咖喱粉改良的金平藕片，可以保存3天，做多一点儿存放起来。

材料 （2人份）

莲藕…½节（100g）
猪五花肉薄片…40g
香油…2小勺
A　蘸面汁（2倍浓缩）…⅓大勺
　　咖喱粉…½小勺
欧芹碎（选用）…适量

小贴士
ⓐ 莲藕用醋水浸泡，可以防止变色。

做法

1 莲藕去皮，切成3mm厚的扇形，放在醋水里泡5分钟左右捞出，控水ⓐ。猪五花肉薄片切成2cm见方的块。
2 中火加热香油，放入猪肉片翻炒变色后放入藕片，继续翻炒3分钟，倒入材料A炒至收汁。盛盘，撒上欧芹碎。

108

牛肉核桃仁蜂蜜味噌酱油烧 ♡

牛肉搭配上口感突出的核桃仁。调味品的量都是1∶1，做起来很方便。

材料 （4人份）

核桃仁…60g
牛肉片…200g
色拉油…2小勺
A　酱油、蜂蜜、味噌、味醂…各1½大勺
　　姜泥…少许

做法

1 锅中不放油，放入核桃仁煎烤3分钟左右，盛出放凉后掰成小块。牛肉切小片。
2 中火加热色拉油，放入牛肉片翻炒变色后，放入步骤1的核桃仁和材料A，小火慢煮至收汁，即可关火。

培根金针菇卷黄油酱油烧 ♡

口感十足的金针菇，用鲜香的培根卷起来，煎烤即可。焦香的黄油酱油让人食欲大增。

材料 （4人份）

培根…3片
金针菇…½包
黄油…10g
酱油…½小勺
山椒芽（选用）适量

小贴士
ⓐ 为避免金针菇煎后变松散，一定要用培根卷紧。

做法

1 培根纵向一分为二。金针菇去根，切成两段后用手弄散。将金针菇分成6等份，用培根卷起来ⓐ，收口用牙签固定。按照同样方法做6个培根金针菇卷。
2 加热黄油，将培根金针菇卷收口朝下放入锅中，煎至金黄色后翻面再煎片刻，倒入酱油。盛盘，根据个人口味搭配山椒芽。

无论大人小孩都非常喜欢的一道菜

金枪鱼酱拌牛油果 ♡

不用开火，用现成的酱汁就可以做的零失败料理，也可以盛在米饭上做成海鲜饭。

材料 （2人份）

金枪鱼（块装）…120g

A
- 烤肉酱 a、酱油…各1大勺
- 白砂糖、香油…各1小勺
- 蒜泥…少许

牛油果…1个
蛋黄…1个
白芝麻（选用）…适量

做法

1. 金枪鱼切成1.5cm见方的小块，放入碗中，倒入混合均匀的材料A，搅拌后静置。
2. 牛油果去核、去皮，切成1.5cm见方的块。加到步骤1的碗中，拌匀 b。
3. 盛盘，放上蛋黄，根据个人口味撒白芝麻。

小贴士

a 烤肉酱用的是带点儿辣味的，喜欢更辣的话可以加一点儿韩式辣酱。

b 牛油果容易碎，在最后加入后轻轻拌匀。

芡汁虾仁芙蓉蛋 ♡

松软的鸡蛋裹着弹牙的虾仁，淋上鲜美的芡汁，大受欢迎。

材料 （2人份）

小葱…1根
色拉油…适量
虾仁 a…约14只（100g）

A
- 蛋液…3个鸡蛋的量
- 蛋黄酱…1大勺

B
- 水…200mL
- 清酒、淀粉…各1大勺
- 鸡精…1½小勺
- 盐、黑胡椒…各少许

香油…1小勺
豆苗（选用）…适量

做法

1. 小葱切葱花，豆苗去根。
2. 加热色拉油，放入虾仁翻炒变色。将葱花倒入材料A中混合均匀，倒入锅中，用力搅拌 b，鸡蛋半熟后盛盘。
3. 迅速洗一下锅，倒入材料B，搅拌均匀后开火，煮至芡汁透明且黏稠后关火，倒入香油。
4. 将步骤3的芡汁倒到步骤2的盘中，撒上豆苗 c。

小贴士

a 可以用蟹棒代替虾仁，也非常好吃。

b 锅中倒入蛋液后，大幅度卷入空气的搅拌方法，会使鸡蛋煎出来更松软。

c 虽然是小菜，但是盖在米饭上也非常好吃。

金枪鱼蛋黄酱烤土豆鸡蛋 ♡

配上清爽的柚子胡椒，味道鲜美，用吐司烤箱快速搞定的一道料理，一定要试试哦。

土豆松软，又香又糯

材料 （2人份）

土豆…2个（220g）
煮鸡蛋…1个
金枪鱼罐头（油渍）…1罐（80g）

A
- 蛋黄酱…1½大勺
- 柚子胡椒、酱油…各½小勺

比萨用芝士…30g
莳萝（选用）…适量

做法

1. 土豆切成2cm见方的块，放入碗中，盖上耐热保鲜膜，用微波炉600W加热3分钟。将煮鸡蛋分成6等份，切成角。
2. 准备焗饭的烤碗，将步骤1的材料平铺在碗中，将金枪鱼控油后和材料A混合均匀，倒入碗中。放入吐司烤箱，1000W烤5分钟左右至芝士上色，最后根据个人口味撒上莳萝。

黄金比例韩式酱豆腐 ♡

用混合酱料做成的韩式酱汁，甜辣美味，非常好吃，做多少次都吃不腻。

材料（2人份）

木棉豆腐…⅔块（200g）
淀粉…适量
香油…1大勺

A ┃ 白砂糖、酱油、味醂、水、
  ┃ 韩式辣酱 a …各1小勺
  ┃ 蒜泥…少许

白芝麻、蛋黄酱（选用）…
  各适量

做法

1 木棉豆腐用厨房纸巾包住，放入碗里，用微波炉600W加热2分钟，晾凉后擦干水分，切成8等份，裹上淀粉。

2 加热香油，放入豆腐，整体煎至上色后倒入材料A蘸裹均匀。盛盘，撒上白芝麻，根据个人口味挤上蛋黄酱。

黄油蒜香土豆章鱼烧 ♡

看上去就非常美味的一道菜，适合搭配面包下酒，小酒吧的感觉立刻就出来了。

材料（2人份）

水煮章鱼足…90g
土豆…2个（200g）
辣椒…½个
黄油…10g

A ┃ 蒜粉、盐、黑胡椒…各2
  ┃ 小捏

欧芹碎（选用）…适量

做法

1 水煮章鱼足切成1.5cm见方的块。土豆洗净，带皮切成2cm见方的块，用耐热保鲜膜包好，微波炉600W加热3分钟。辣椒切成小段。

2 锅中放入黄油和辣椒，再放入土豆煎炒，土豆煎至焦香后放入章鱼足，翻炒2分钟。土豆炒软后放入材料A，翻炒均匀。盛盘，根据个人口味撒上欧芹碎。

辣味土豆烧肉 ♡

每年有新土豆和洋葱的季节里经常做的一道菜，用普通土豆和洋葱也可以做，也很好吃。

材料（2人份）

土豆 a …2个
辣椒…7根
香油、味醂…各½大勺
牛肉片 b …80g

A ┃ 水…100mL
  ┃ 白砂糖、酱油、清酒…
  ┃   各1大勺
  ┃ 木鱼素、豆瓣酱…各½小勺

做法

1 土豆洗净，带皮切成3cm见方的块。辣椒用筷子扎上小洞。

2 中火加热香油，放入土豆翻炒5分钟左右，加入牛肉片炒变色后倒入材料A，盖上盖子，小火煮13分钟左右 c 。放入味醂和辣椒，中火再煮3分钟左右。

白菜虾仁奶油炖菜 ♡

用经济实惠的虾仁和玉米粒做成的色彩斑斓、口感丰富的一道菜。白酱汁不用单独制作，用一个平底锅就可以完成。

材料（2人份）

白菜…5片
黄油…1大勺
A │ 虾仁 …约15只（120g）
　│ 玉米粒（罐头装）…70g
低筋面粉…2大勺
牛奶…300mL
B │ 法式清汤素…1小勺
　│ 盐、黑胡椒…各少许
欧芹碎（选用）…适量

做法

1 白菜切成1.5cm宽的条。
2 中火加热黄油，放入白菜和材料A翻炒，虾仁变色后关火。撒入低筋面粉，混合均匀后再次开火，小火翻炒1分钟。
3 分3次倒入牛奶，每倒一次都要搅拌均匀后再倒下一次。加入材料B，搅拌均匀，煮3分钟。盛盘，根据个人口味撒上欧芹碎。

小贴士
a 可以用鸡肉代替虾仁。150g鸡肉切成1.5cm见方的块即可。

无须腌渍的超简单炸牛蒡 ♡

非常适合下酒，只需用盐简单调味就非常美味。不喜欢吃蔬菜的小朋友也非常喜欢。

材料（2人份）

牛蒡…1根
A │ 盐…少许
　│ 蘸面汁（2倍浓缩）…2小勺
　│ 蒜泥、姜泥…各少许
淀粉…2大勺
色拉油…5大勺
辣椒丝（选用）…适量

做法

1 牛蒡切成6cm长、3cm厚的条，放在加了白醋的水中泡5分钟，捞出控水。将牛蒡和材料A一起装入保鲜袋中揉匀，再撒上淀粉揉匀。
2 加热色拉油，放入步骤1的牛蒡 a 煎炸成焦黄色后捞出，控油，盛盘后根据个人口味撒上辣椒丝。

小贴士
a 保鲜袋底部的淀粉和酱汁容易结块，所以将袋中的牛蒡一个个蘸裹均匀后再炸。

黄金比例糖醋照烧芝麻藕片 ♡

芝麻散发出的香气让人停不了口，也可以不加醋，做成甜辣口的照烧藕片。

材料（2人份）

莲藕…1节（170g）
淀粉…适量
色拉油…2大勺
A │ 白砂糖 a、酱油、清酒、
　│ 味醂、醋…各1大勺
白芝麻…1大勺
辣椒丝…适量

做法

1 莲藕去皮后切成5mm厚的片 b，放在加了白醋的水中泡5分钟，捞出沥干水分，撒上淀粉。
2 平底锅热油，放入藕片，两面煎至焦香后倒入混合均匀的材料A，煮入味。盛盘，撒上白芝麻和辣椒丝。

小贴士
a 喜欢甜口的话可以将白砂糖增至1½大勺。
b 藕片厚一点儿更好吃。

美味肉片汤 ♡

材料多到可以当菜的猪肉汤，只需花一点点功夫就可以瞬间提升美味。

材料 （2人份）

猪五花肉薄片…50g
胡萝卜、白萝卜…各3cm
大葱、牛蒡…各½根
香油…适量

A
水…400mL
清酒…½大勺
木鱼素…½小勺

味噌ⓐ…1½大勺

B
酱油…½小勺
姜泥…少许

辣椒粉（选用）…适量

做法

1 猪五花肉薄片切成适口大小，胡萝卜和白萝卜切成5mm厚的扇形，大葱切成1cm长段。牛蒡去皮，斜着削成薄片，用醋水泡3分钟，捞出后沥干水分。

2 中火加热香油，放入猪肉片翻炒变色后放入步骤1中的蔬菜，翻炒均匀后倒入材料A，盖上盖子，留一点儿缝隙，中小火煮10分钟左右。

3 胡萝卜煮软后关火，放入味噌，搅拌溶化。加入材料B后再次开火，在汤沸腾前关火。盛盘，根据个人口味撒上辣椒粉。

蘑菇芝士奶油浓汤 ♡

鲜香的蘑菇奶油浓汤，加上芝士粉，更加浓郁香甜了，非常适合当早餐。

材料 （4人份）

香菇…1个
洋葱…¼个
口蘑…2个
蟹味菇…⅓包
黄油…10g
低筋面粉…1½大勺
牛奶…300mL

A
鲜奶油…100mL
芝士粉…1大勺
法式清汤素…1小勺
盐、黑胡椒…各少许

欧芹碎…适量

做法

1 香菇去根，与口蘑和洋葱均切成3mm厚的片。蟹味菇去根。

2 中火加热黄油，放入步骤1中的食材。洋葱炒软后关火，撒上低筋面粉，搅拌均匀。再开火，分3次加入牛奶，每次都要搅拌均匀。中小火煮3分钟，倒入材料A搅拌均匀，煮1分钟左右。盛盘，撒上欧芹碎。

南瓜浓汤 ♡

调味简单朴素，更突出了南瓜本身的香甜味道。不论热着还是凉着喝都非常美味。

材料 （4人份）

南瓜…⅛个（200g）
洋葱…¼个
黄油…10g

A
水…200mL
法式清汤素…½小勺

B
牛奶…150mL
盐、黑胡椒…各少许

欧芹碎…适量

做法

1 南瓜去瓤、去子、削皮，切成1cm见方的块。洋葱切成5mm厚的片。

2 中火加热黄油，放入步骤1的材料，洋葱变软后加入材料A，盖上盖子，留一点儿缝隙，煮沸后转小火煮13分钟。南瓜煮软后关火，放凉后和材料B一起放入搅拌机中，搅拌至顺滑。

3 将搅拌好的材料重新倒回锅中加热。盛盘，撒上欧芹碎。

甜味意式蔬菜汤 ♡

我非常喜欢的、有食堂风味的甜味意式蔬菜汤，营养丰富，健康有活力。
可以多做一点儿。

材料（2人份）

土豆…1个
洋葱…½个
胡萝卜…¼根
小香肠…3根
色拉油…适量
蒜泥…少许
A｜水…200mL
　｜法式清汤素…1小勺
黄豆（水煮罐头）…80g
B｜番茄罐头（切块）…½罐
　｜番茄酱、日式伍斯特中浓酱…各½大勺
玉米罐头（颗粒）…40g
欧芹碎…适量

做法

1 土豆和洋葱切成1cm见方的块，胡萝卜切成边长小于1cm的块。小香肠切成5mm厚的片。

2 中火热油，放入蒜泥和步骤1的材料翻炒。炒至土豆边缘变透明后，倒入材料A和黄豆，盖上盖子，中小火煮12分钟，再放入材料B和玉米粒，煮5分钟。盛盘，根据个人口味撒上欧芹碎。

当早餐也可以

法式酸菜汤 ♡

这里的酸菜是指法国阿尔萨斯地区，将圆白菜发酵而成的一种料理。最后加上黄芥末酱是这道菜的点睛之笔。

材料（2人份）

圆白菜…¼个（300g）
橄榄油…适量
香肠…6根
A｜水…150mL
　｜白葡萄酒（或清酒）…80mL
　｜白醋…1½大勺
　｜法式清汤素…1小勺
盐、黑胡椒…少许
颗粒黄芥末酱、欧芹碎（选用）…各适量

做法

1 圆白菜切细丝。

2 中火加热橄榄油，放入圆白菜翻炒软后放香肠和材料A，盖上盖子，小火煮8分钟，加盐和黑胡椒调味。盛盘，加上颗粒黄芥末酱和欧芹碎。

超简单玉米奶油浓汤 ♡

用罐头来做，瞬间就能完成，超简单。将玉米本来的味道完全呈现出来。

材料（2人份）

A｜玉米罐头（奶油味）…1罐（190g）
　｜牛奶…150mL
B｜玉米罐头（原味）…70g
　｜鲜奶油…50mL
　｜法式浓汤素…½小勺
欧芹碎（选用）…适量

做法

1 将材料A倒入料理机中，搅打顺滑。

2 将食材倒入锅中，加入材料B，加热煮沸前关火。盛盘，撒上欧芹碎。

小贴士

a 还可以将圆白菜或通心粉切成2cm见方的块，加入进去也很好吃。

b 胡萝卜切成小块更容易做熟。

c 撒入芝士粉更好吃。

113

牛肉泡菜能量汤 ♡

瞬间补充能量的韩式牛肉汤。汤底本身的调味很简单，借着牛肉和泡菜的鲜味将整体味道提升，非常下饭。

材料（2人份）

牛肉片…90g
大葱…½根
韭菜…4根
香菇…1个
香油…1大勺
泡菜…100g
A ｜ 水…400mL
｜ 鸡精…1½大勺
｜ 酱油…1小勺
｜ 蒜泥…少许
B ｜ 白芝麻碎、白芝麻…各1大勺

做法

1 牛肉片切成适口大小，大葱切成1cm厚的斜段，韭菜切成3cm长段，香菇去根、切薄片。
2 中火加热香油，放入牛肉片翻炒变色后放入泡菜和大葱翻炒，加入材料A、韭菜和香菇，中小火煮5分钟，加入材料B，搅拌均匀。

小白菜肉末粉丝汤 ♡

粉丝无须提前泡好，做起来很便捷，滴一点儿辣油更好吃。

材料（2人份）

小白菜…1棵（110g）
香油…1小勺
猪肉馅…100g
A ｜ 水…400mL
｜ 鸡精…2小勺
｜ 姜泥…少许
粉丝…30g
B ｜ 酱油…1小勺
｜ 盐、黑胡椒…各少许
C ｜ 水…2小勺
｜ 淀粉…1小勺

做法

1 小白菜切成3cm长段，菜帮再切分成4条。
2 中火加热香油，放入猪肉馅翻炒变色后放入小白菜帮，同时加入材料A。煮沸后转中小火，将粉丝剪短一点儿后放入锅中，煮6分钟。
3 最后加入小白菜菜叶、材料B和混合均匀的淀粉溶液C，搅拌均匀，煮至黏稠即可。

口感柔和的酸辣汤 ♡

降低了酸度，打入蛋花，是一道非常柔和的酸辣汤。最后点上一点儿辣椒油，和酸味是绝妙的搭配。

材料（2人份）

香菇…3个
小番茄…4个
香油…1小勺
A ｜ 水…400mL
｜ 鸡精、酱油…各2小勺
｜ 盐、黑胡椒…各少许
B ｜ 水…3小勺
｜ 淀粉…2小勺
蛋液…1个鸡蛋的量
白醋…1½大勺
小葱葱花（选用）、辣椒油…各适量

做法

1 香菇去蒂，切成3mm厚的片。小番茄对半切开。
2 中火加热香油，放入香菇翻炒，加入材料A煮开。倒入混合均匀的淀粉溶液B，边搅拌边煮至黏稠，加入小番茄。
3 打入蛋液，搅拌均匀，淋入白醋，关火。盛盘，根据个人口味撒上葱花和辣椒油。

PART 9

MULTI SAUCE

黄金比例万能酱汁

平时做菜时研究出来的万能酱汁。

不论肉、蔬菜还是鱼都适用，超级便利。

制作简单，也可以做好备用。

配方很好记，一定要试试！

[保存期限]
冷藏5天

万能
酱汁

1

万能芝麻酱汁

只需混合一下，非常简单，用大量芝麻碎代替芝麻酱，
呈现出柔和醇厚的口感。

材料（简单好做的量）

蛋黄酱…4大勺
白芝麻碎…3大勺
柚子醋、白砂糖…各1大勺
香油…2小勺

做法

将材料全部混合均匀即可。

应用1

白菜金枪鱼
芝麻酱汁沙拉 ♡

无须开火，非常简单快手的一道沙拉。芝麻的醇香
和金枪鱼的鲜美结合，玉米和白菜搭配也很合适。

材料（4人份）

白菜…¼个
胡萝卜…5cm
盐…2小勺
金枪鱼罐头（油渍）…1罐（80g）
玉米罐头（整粒）…3大勺
万能芝麻酱汁…3大勺

做法

1 白菜切成5mm宽的细丝，胡萝卜切细丝。白菜和胡
　萝卜一起用盐腌10分钟，用水冲洗后挤干水分。
2 将步骤1的白菜和胡萝卜放入碗中，加入控干油分
　的金枪鱼和玉米粒，淋上万能芝麻酱汁，拌匀。

应用2

超多蔬菜的什锦沙拉 ♡

5种蔬菜混合的什锦沙拉，可以根据个人口味加点儿辣椒油，风味更佳。

材料（4人份）

圆白菜…¼个
黄瓜…1根
盐…适量
小番茄…5个
豆苗…1包
鸡胸肉…80g

A 万能芝麻酱汁…2½大勺
辣椒油（选用）…适量

做法

1　圆白菜和黄瓜切细丝，加盐搅拌均匀后腌10分钟，用水冲洗后挤干水分。小番茄对半切开，豆苗去根。

2　鸡胸肉用开水焯后擦干水分，放凉，撕成细丝。

3　将步骤1~2的材料放入碗中，倒入材料A拌匀。

应用3

五花肉大葱卷 ♡

淋上香浓美味的芝麻酱汁，用五花肉将大葱卷起来，再蒸一下，非常香甜多汁。切成适口大小更方便食用。

材料（简单易做的量）

大葱…2根
猪五花肉薄片…200g

A 盐、黑胡椒、大蒜粉…各少许

色拉油…适量

B 万能芝麻酱汁…3大勺
酱油…½大勺

小葱葱花（选用）…适量

做法

1　将大葱葱白部分切成3cm长的段，用猪五花肉薄片卷起来，撒上材料A。

2　中火加热色拉油，将五花肉大葱卷收口朝下摆入锅中，煎至上色后翻面，转小火，盖上盖子，再煎5分钟左右，大葱变软后盛盘，淋上混合均匀的酱汁B，再撒上小葱葱花。

[保存期限]
冷藏1周

万能葱油酱汁

用来搭配肉菜或鱼都非常美味的一个酱汁。
为了方便保存以及更入味，用微波炉加热一下更好。

材料（简单好做的量）

大葱…1根（100g）
蒜…1瓣（5g）
香油…3大勺
鸡精…1小勺
盐…⅓小勺

做法

1 大葱和蒜都切碎。
2 将所有材料放入碗中，
  用微波炉600W加热1分
  30秒即可。

应用1

煎烤五花肉
配万能葱油酱汁♡

只需将五花肉煎烤一下，搭配万能葱油酱汁即可，
看起来分量十足。用鸡肉也可以。

材料（4人份）

猪五花肉（烧烤用，或整块猪肉）…400g
万能葱油酱汁…适量
白芝麻（选用）…适量

做法

1 加热平底锅，放入猪五花肉，两面煎至焦香。
2 盛盘，淋万能葱油酱汁，撒上白芝麻。

小贴士

ⓐ 用整块猪肉制作的话，要
   将猪肉切成1cm厚的片。

应用2

餐厅风味葱油炒饭 ♡

只需这款万能葱油酱汁，就可以做出与中餐厅相媲美的炒饭。肉馅里的油脂可以将米饭炒得颗粒分明。

材料 （2人份）

小葱…5根
香油…1大勺
猪肉馅ⓐ…150g
蛋液…2个鸡蛋的量
米饭…2碗（400g）
A │ 万能葱油酱汁…4大勺
  │ 酱油…1小勺
盐、黑胡椒、红姜丝（选用）…各适量

做法

1 小葱切成5mm长的段。
2 加热香油，放入猪肉馅翻炒变色后放入蛋液，用木铲快速翻炒均匀。鸡蛋炒至半熟的状态后倒入米饭，翻炒均匀。加入材料A，继续翻炒，撒入盐和黑胡椒调味。
3 盛盘，根据个人口味搭配红姜丝。

小贴士

ⓐ 也可以用香肠、火腿或竹轮等代替猪肉馅。

119

应用3

葱油蛋黄酱厚蛋烧 ♡

用万能葱油酱汁和蛋黄酱一起做出来的厚蛋烧非常松软。吃腻了平日的基础款厚蛋烧，可以用这个配方换换口味。

材料 （简单易做的量）

鸡蛋…3个
A │ 蛋黄酱…1大勺
  │ 万能葱油酱汁…1大勺
小葱…3根
色拉油、红姜丝（选用）…各适量

做法

1 鸡蛋打成蛋液，加入材料A和切葱花的小葱，混合均匀。
2 平底锅热油，先倒入⅓蛋液，用筷子搅拌，凝固后用铲子将鸡蛋一圈圈卷起来，卷完放在锅的一侧。
3 在锅中空余的地方倒入色拉油，将剩余的蛋液倒入一半的量，重复上一步的操作。然后再倒入剩下的蛋液，重复操作。
4 将卷好的蛋卷切成适口大小，盛盘，搭配红姜丝。

[保存期限]
冷藏1周

万能照烧酱汁

我最常用的一款酱汁，材料配比相同，很好记。用这个酱汁可以非常简单地制作照烧菜了。

材料（简单好做的量）

白砂糖、酱油、味醂、清酒…等量

做法

将所有材料混合，搅拌均匀即可。

应用1

生姜照烧鲕鱼 ♡

用万能照烧酱汁做出来的鱼非常美味。鱼身裹上淀粉，可以使鱼肉更松软，也更容易蘸裹酱汁。

材料（4人份）

鲕鱼…4块
盐…少许
淀粉、色拉油…各适量
A｜万能照烧酱汁…6大勺
　｜姜泥…1小勺

做法

1 鲕鱼用盐腌15分钟，用水冲洗干净后擦干，裹上一层淀粉。
2 中火热油，鱼皮朝下将鱼放入锅中。鱼皮煎至金黄色后翻面，盖上盖子，小火再煎四五分钟。
3 倒入材料A，煮至还剩一点儿酱汁时关火。

应用2

黄金比例甜辣猪肉饭 ♡

煎至焦香多汁的猪肉，配上甜口的照烧酱汁，盖在米饭上，非常受欢迎。

材料（2人份）

整块猪肉…200g
豆苗、色拉油…各适量
万能照烧酱汁 ⓐ…4大勺
米饭…2碗
蛋黄…2个
辣椒丝、白芝麻（均选用）…
　各适量

做法

1 猪肉切成5mm厚的片，豆苗去根。
2 平底锅热油，放入猪肉片煎至两面焦香。用厨房纸巾将多余的油分擦干，倒入万能照烧酱汁炖煮。
3 盛米饭，铺上豆苗，再放入煮好的猪肉片，将蛋黄放入碗中心，撒辣椒丝和白芝麻。

小贴士

ⓐ 可以根据个人口味在万能照烧酱汁中加1小勺韩式辣酱。

应用3

金枪鱼番茄意式烤面包片 ♡

照烧金枪鱼搭配番茄，放在烤得焦香的法棍上，非常适合招待朋友。

材料（4人份）

番茄…1个
罗勒叶（新鲜的或干的均可）…3片
法棍…1根
盐…2小捏
橄榄油…1大勺
金枪鱼罐头（油渍）…2罐
　（1罐80g）
万能照烧酱汁…2大勺

做法

1 番茄切小块，罗勒叶切碎，法棍切成1cm厚的片。
2 将番茄和罗勒碎放入碗中，撒盐，倒入橄榄油，搅拌均匀。
3 将沥干油分的金枪鱼罐头放入锅中，开火加热，鱼的水分蒸干后加入万能照烧酱汁翻炒，让酱汁中的水分蒸发。
4 将法棍用吐司烤箱1000W烤2分钟，将步骤2～3的材料放在烤好的法棍上。

万能柚子醋照烧汁

[保存期限]
冷藏5天

只需将材料混合搅拌，味道浓厚的一款酱汁。可能接受度并不高，但还是非常值得一试。

材料（简单好做的量）

柚子醋…4大勺
白砂糖…2大勺
蛋黄酱…1大勺

做法

将所有材料混合，搅拌均匀即可 。

应用1

柚子醋照烧猪肉丸子 ♡

加了豆腐的猪肉丸子非常松软，配上脆脆的牛蒡，口感很特别的一道料理。

材料（4人份）

木棉豆腐…100g
牛蒡…1根
　猪肉馅…300g
A 鸡蛋…1个
　面包糠…3大勺
　姜泥、清酒…各1小勺

色拉油…适量
万能柚子醋照烧汁…6大勺
紫苏…1片
蛋黄…1个
辣椒丝、白芝麻
（均选用）…各适量

做法

1 木棉豆腐用厨房纸巾包裹，放入微波炉，600W加热2分钟，沥干水分。牛蒡用刀背去皮，削成薄片后泡水，捞出沥干水分。

2 将步骤1的材料和材料A混合，搅拌至黏稠，揉成若干直径3cm的丸子。

3 平底锅热油，放入丸子煎至焦香。翻面，盖上盖子，再煎3分钟。

4 加入万能柚子醋照烧汁，煮至即将收汁即可。盛盘，放入紫苏和蛋黄，根据个人口味撒辣椒丝和白芝麻。

应用2

柚子醋照烧青椒肉末盖饭 ♡

加了点儿辣椒提味，与万能柚子醋照烧汁相得益彰，拌上蛋黄一起吃，棒极啦！

材料（2人份）

青椒…5个
辣椒…⅓个
色拉油…1大勺
蒜泥…少许
混合肉馅…180g
盐、黑胡椒…各少许
万能柚子醋照烧汁…2大勺
米饭…2碗
蛋黄（选用）…2个

做法

1 青椒切滚刀块，辣椒切小段。
2 平底锅热油，放入蒜泥和辣椒爆香，放入肉馅翻炒变色，加盐和黑胡椒，再放入青椒，一起翻炒。
3 用厨房纸巾将锅底多余的油擦干，倒入万能柚子醋照烧汁，翻炒至收汁。
4 盛米饭，将炒好的青椒肉末倒入碗中，根据个人口味加入1个蛋黄。

应用3

柚子醋照烧鸡 ♡

将鸡肉煎至焦香，用万能柚子醋照烧汁煮一下即可。酱汁经过加热，会转化成柔和的甜味。

材料（4人份）

鸡腿肉…2片

A 盐、黑胡椒、大蒜粉…各少许

色拉油…适量
万能柚子醋照烧汁…4大勺

做法

1 在鸡腿肉上撒上材料A。
2 中火热油，将鸡腿肉皮朝下放入锅中，煎至金黄焦香后翻面，盖上盖子，小火煎5分钟。
3 鸡腿肉熟后，用厨房纸巾将锅中的油擦干，倒入万能柚子醋照烧汁，大火收汁。将鸡腿肉切成适口大小，盛盘。

万能酱汁

5

柚子胡椒醋汁

在柚子醋里加了点儿糖，平衡了酸味，柚子胡椒增添了辛辣味。如果觉得柚子醋太酸，可以试试这种调和方法。

材料（简单好做的量）

柚子醋…6大勺
白砂糖…1½小勺
柚子胡椒…1小勺

做法

将所有材料混合，搅拌均匀。

31

应用1

水晶菜小银鱼沙拉 ♡

将小银鱼炒至酥脆，和水晶菜一起拌成沙拉，口感丰富。

材料（2人份）

水晶菜…⅓把
香油…2小勺
小银鱼…30g
柚子胡椒醋汁…2大勺

做法

1 水晶菜切成3cm长的段。
2 加热香油，放入小银鱼，中小火将小银鱼炒至酥脆。
3 盘底铺上水晶菜，盛入步骤2的小银鱼，淋上柚子胡椒醋汁。

微波炉柚子醋
黄油猪肉豆芽蒸菜 ♡

只需微波炉就可以，不用开火的超简单料理。黄油的醇香和微辣的柚子胡椒醋汁是绝配。

材料（2人份）

猪五花肉薄片…160g
豆芽…1袋（200g）
A | 清酒…1大勺
  | 盐、黑胡椒…各少许
黄油…15g
小葱段（3cm长）…5根
柚子胡椒醋汁…3大勺

做法

1 猪五花肉薄片切6cm长段。将豆芽放入深碗中，铺上猪肉片，均匀地倒入材料A，放入微波炉，600W加热5分钟。倒掉析出的水，放入黄油，趁热快速拌匀。

2 盛盘，撒上小葱段，淋柚子胡椒醋汁。

圆白菜玉米煎饼
配柚子胡椒醋汁 ♡

不用低筋面粉，以大阪烧为灵感的一道健康料理。蘸着柚子胡椒醋汁，酸酸的，很清爽。

材料（2人份）

圆白菜…⅛个（180g）
培根…2片
色拉油、蛋黄酱…各适量
比萨用芝士…40g
A | 鸡蛋…2个
  | 木鱼素…1小勺
柚子胡椒醋汁…2大勺
木鱼花…4g

做法

1 圆白菜切细丝，培根切成5mm宽的丝。

2 中火热油，放入圆白菜和培根翻炒。圆白菜变软后平铺满整个锅底，再铺上芝士，倒入混合均匀的材料A。盖上盖子，中小火煎3分钟。

3 鸡蛋煎熟后关火，找个比平底锅直径小一点儿的盘子，倒扣在锅中，锅翻面，将煎饼扣入盘中，再将煎饼慢慢滑入锅中，开中小火将煎饼背面加热1分钟（也可以直接颠锅翻面，注意不要将食材弄散）。

4 盛盘，挤上蛋黄酱，淋柚子胡椒醋汁，撒木鱼花。

[保存期限]
冷藏3日

韩式蛋黄酱

将蛋黄酱做成韩式风味，用来腌肉，汁水特别充足，做完要尽快食用。

材料（简单好做的量）

蛋黄酱…6大勺
豆瓣酱、香油…各1½勺
蒜泥…少许

做法

将所有材料混合，搅拌均匀即可。

应用1

芝士蛋黄酱鸡块 ♡

省去了麻烦的裹面衣步骤，将面包糠与芝士粉混合，裹在鸡肉块上，煎烤即可，非常适合制作便当。

材料（4人份）

鸡胸肉…1片（250g）
韩式蛋黄酱…2大勺
A ┃ 面包糠…4大勺
  ┃ 芝士粉…1大勺
色拉油…3大勺

做法

1 鸡胸肉用叉子两面都扎出小孔，片成片，和韩式蛋黄酱一起倒入保鲜袋中。
2 将材料A撒在案板上，取出鸡胸肉，裹上材料A。
3 中火热油，放入鸡胸肉，煎至金黄色后翻面，中小火再煎2分钟。

应用2

鸡肉菠菜韩式蛋黄酱沙拉 ♡

赶时间时经常做的一道经典小菜，可以用小白菜代替菠菜。

材料（2人份）

鸡小胸…1块（70g）
清酒…2小勺
菠菜…3把
韩式蛋黄酱…1½大勺
白芝麻（选用）…适量

做法

1 将鸡小胸放入碗中，淋上清酒，盖上耐热保鲜膜，放入微波炉，600W加热1分钟。翻面后再加热1分钟。不拿掉保鲜膜，静置冷却。

2 菠菜用盐水焯一下，过冷水后挤干水分，切成3cm长的段。

3 将步骤1和2的材料放入碗中，倒入韩式蛋黄酱，拌匀。盛盘，撒上白芝麻。

小贴士

ⓐ 要将芝士烤化开。

应用3

玉米金枪鱼芝士炸豆腐 ♡

微辣的韩式蛋黄酱配上鲜美的金枪鱼和香甜的玉米，太好吃啦！再撒上点儿芝士，摇身一变成比萨风格。

材料（2人份）

A ┃ 韩式蛋黄酱…1大勺
┃ 酱油…½小勺
┃ 玉米粒…30g
金枪鱼罐头（油渍）…1小罐（80g）
油炸豆腐…2片
比萨用芝士…20g
小葱葱花（选用）…适量

做法

1 碗里放入材料A和控干油分的金枪鱼罐头，搅拌均匀。

2 油炸豆腐用吐司烤箱1000W烤2分钟，烤至焦脆后，铺上步骤1的材料，再放上比萨用芝士，继续烤4分钟ⓐ。

3 将油炸豆腐分成3等份，盛盘，根据个人口味撒上葱花。

[万能酱汁 7]

[保存期限]
冷藏3天

烤肉酱汁

经常做的常用调料，相对偏甜的烤肉酱，可以拿来蘸鸡块或薯条。

材料（简单好做的量）

番茄酱、日式伍斯特中浓
酱…各1大勺
蜂蜜…2小勺

做法

将所有材料混合，搅拌均匀。

[万能酱汁 8]

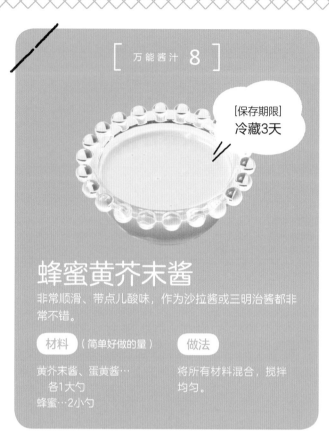

[保存期限]
冷藏3天

蜂蜜黄芥末酱

非常顺滑、带点儿酸味，作为沙拉酱或三明治酱都非常不错。

材料（简单好做的量）

黄芥末酱、蛋黄酱…
各1大勺
蜂蜜…2小勺

做法

将所有材料混合，搅拌均匀。

128

[万能酱汁 9]

[保存期限]
冷藏2天

万能番茄醋汁

可以当火锅蘸料，或蘸炸鸡块，发挥空间很大的清爽酱汁。但是不宜存放，应尽快食用。

材料（简单好做的量）

番茄…1个
A 柚子醋…4大勺
  白砂糖…2小勺

做法

1 将番茄切成1cm见方的丁。
2 将材料A混合均匀后放入番茄丁，搅拌均匀。

[万能酱汁 10]

[保存期限]
冷藏3天

塔塔酱

不需要洋葱和泡菜也可以做的塔塔酱，味道非常醇厚且柔和，大人孩子都非常喜欢。

材料（简单好做的量）

切碎的煮鸡蛋…2个
蛋黄酱…5大勺
白砂糖…⅓小勺
盐、黑胡椒、黄芥末泥…
各少许

做法

将所有材料混合，搅拌均匀。

PART 10

CAFE POPULAR SWEETS

咖啡馆必点人气甜品

蛋糕、水果塔、甜甜圈、玛芬……
五颜六色的甜品不光看着可爱，吃起来也美味至极。
非常多简单的甜品食谱，一定要试试哦。

10分钟就能完成的
香草酸奶蛋糕挞 ♡

用买回来的酸奶做出的蛋糕，无须开火，也不用控水，
只需搅拌均匀的超简单食谱。

超简单

小贴士

ⓐ 如果喜欢口感稍硬点儿，
可以再添加2g明胶粉。

ⓑ 如果喜欢口味更加浓郁，
可以将牛奶都换成鲜奶
油。反之，将鲜奶油都换
成牛奶，口味会更清爽。

材料 （直径18cm蛋糕，1个）

水…3大勺
明胶粉ⓐ…10g
饼干…100g
可可粉（无糖）…10g
化黄油…60g

A ┃ 原味酸奶（无糖）…300g
　 ┃ 白砂糖…70g
　 ┃ 牛奶、鲜奶油…各100mLⓑ

B ┃ 柠檬汁…1⅓小勺
　 ┃ 香草精…10滴

【配料】
蓝莓、蓝莓酱、打发奶油、
薄荷叶（选用）各适量

做法

1. 将水倒入碗中，撒入明胶粉，泡开。

2. 饼干装入保鲜袋中，用擀面杖敲碎，加入可可粉和化黄油，搅拌均匀，在模具中铺一层烘焙纸，将饼干糊倒入模具中，铺平。

3. 在步骤1的碗中放入材料A，用打蛋器搅拌至白砂糖化开后，加入材料B，搅拌均匀。将碗放入微波炉，600W加热30秒，再次搅拌。

4. 将步骤3的溶液倒入步骤2的模具中，冷藏一晚定形。切好后摆盘，根据个人口味搭配配料即可。

史上最棒的
巧克力玛芬蛋糕 ♡

经过数次改良后的配方，应该不会有比这个更好吃的纸杯蛋糕了，超喜欢！

材料（直径5cm、高2.5cm的纸杯，9个）

巧克力板ⓐ…3块（约160g）
黄油…65g
鸡蛋…2个
白砂糖…40g
A | 低筋面粉…60g
　 | 泡打粉…5g

做法

1 将巧克力板切成小块，和黄油一起放入碗中，盖上耐热保鲜膜，用微波炉600W加热1分钟，搅拌均匀。

2 鸡蛋放入碗中打散，放入白砂糖，用打蛋器打匀ⓑ。将材料A混合后撒入碗中，用刮刀搅拌均匀。

3 将步骤2的蛋糕溶液倒入模具至7分满，放入170℃预热的烤箱中烤16分钟ⓒ。

口味浓郁，但丝毫不会腻

小贴士

ⓐ 用了2块牛奶巧克力和1块黑巧克力。

ⓑ 鸡蛋和白砂糖切忌搅拌过度，化开就可以了。

ⓒ 如果用大号的玛芬模具，需要烤20分钟，放凉后装入保鲜袋，放置一晚口味更佳。

可以试试更多品种的水果

幸福百宝箱水果沙拉 ♡

非常简单、好吃的意式招牌水果甜点，色彩缤纷、非常可爱，光是看着就觉得幸福感爆棚！

材料（3~4人份）

香蕉…1根
猕猴桃…1个
苹果…2瓣
菠萝（罐头）…5片
草莓…5个
A | 白砂糖（或蜂蜜）…3大勺
　 | 柠檬汁…1大勺
蓝莓、白葡萄酒（或利口酒，选用）…各适量

做法

1 香蕉切成片，猕猴桃、苹果和菠萝切成适口大小。草莓去蒂，切成4块。

2 碗中倒入材料A，搅拌均匀，加入步骤1的材料和蓝莓，根据个人口味加入白葡萄酒，搅拌均匀。放入冰箱冷藏2小时。

香浓丝滑的
巧克力蛋糕 ♡

口味浓郁的巧克力蛋糕，加上黄油，风味更佳。

无须打发蛋清，
非常简单

材料（直径15cm的蛋糕模具，1个）

巧克力板 a …2块（约100g）
黄油…55g
鸡蛋…2个
白砂糖…50g
鲜奶油（或牛奶）…50mL
A　低筋面粉…35g
　　可可粉（无糖）…15g
糖粉…适量
【配料】
　草莓、蓝莓（均选用）…
　　各适量

做法

1　巧克力板切小块，和黄油一起放
　入碗中，盖上耐热保鲜膜，放入
　微波炉，600W加热1分钟，搅拌
　均匀。

2　将鸡蛋打入碗中，加入白砂糖，
　用打蛋器打至起泡。加入步骤1的
　巧克力溶液和鲜奶油，继续搅拌
　均匀。最后撒入材料A，用刮刀搅
　拌均匀。

3　模具中铺上烘焙纸，将步骤2的蛋
　糕溶液倒入模具，放入170℃预热
　的烤箱中烤30~35分钟 b。静置
　放凉后冷藏，取出后撒糖粉，根
　据个人口味放入配料。

小贴士

a 巧克力根据个人口味选择
即可，我这次用的黑巧克
力和牛奶巧克力各一块。

b 用竹签插入蛋糕，拿出时
只有一点儿或没有蛋糕粘
在上面，就说明烤好了。
如果粘的蛋糕有点儿多，
要注意边观察边继续烘烤。

闪闪发光的炸面包球 ♡

应大家的需求用松饼粉挑战了一下这道甜点，松饼里特有的味道可以用盐掩饰掉。

材料（直径3cm的面包球，9个）

A	松饼粉…200g
	鸡蛋…1个
	牛奶（或豆浆）…3大勺
	盐…2小捏
	香草精（选用）…6滴
色拉油、白砂糖…各适量	

做法

1 将材料A倒入碗中，搅拌均匀，冷藏静置10分钟ⓐ。
2 双手蘸取适量低筋面粉，将步骤1的面团揉成若干直径2cm的球ⓑ。
3 油温加热至170℃，放入步骤2的面包球炸至金黄色，捞出控油。
4 将白砂糖倒入碗中，放入炸好的面包球，滚上白砂糖ⓒ。

小贴士

ⓐ 面团放入冰箱冷藏10分钟，会更容易定形。
ⓑ 手上蘸取适量低筋面粉是为了面团不粘手，容易塑形。
ⓒ 可以用黄豆粉、肉桂粉、巧克力等代替白砂糖。

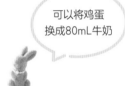

可以将鸡蛋换成80mL牛奶

蜂蜜柠檬磅蛋糕 ♡

人气第一的磅蛋糕，加了蜂蜜和柠檬，质地湿润，适合送朋友。

材料（18cm×9cm的磅蛋糕模具，1个）

黄油…90g	
白砂糖…35~45g	
蜂蜜…50g	
蛋液…2个鸡蛋的量	
柠檬汁…1大勺	
柠檬皮（选用）…1个	
A	低筋面粉…90g
	杏仁粉（或低筋面粉）…10g
	泡打粉…4g
	水…60mL
B	白砂糖…30g
	柠檬汁…1大勺
朗姆酒（选用）…½大勺	

做法

1 将软化的黄油放入碗中，加入白砂糖，用打蛋器打至蓬松。蜂蜜用微波炉600W加热20秒，倒入碗中混合。
2 往步骤1的混合溶液中边倒入蛋液边搅拌，打发均匀。加入柠檬汁和擦碎的柠檬皮，搅拌均匀ⓐ。
3 往步骤2中分两次倒入材料A，用刮刀搅拌均匀。模具中铺上烘焙纸，倒入面糊，放入160℃预热好的烤箱中烤35分钟ⓑ。
4 制作糖浆。将材料B倒入锅中，煮沸后关火，放凉后根据个人口味加入朗姆酒。
5 趁蛋糕热时淋上糖浆ⓒ。放凉后裹保鲜膜，放入冰箱冷藏一晚。

小贴士

ⓐ 柠檬用盐搓一下，可以轻松去除表面的蜡。
ⓑ 烘烤至10分钟时将蛋糕取出来一次，在中间切一刀，这样蛋糕会开裂得比较均匀。
ⓒ 糖浆也可以用40g糖粉加1小勺牛奶做成的牛奶糖浆代替，做法相同。

圆环草莓布丁 ♡

用草莓牛奶做成的草莓布丁,弹弹弹!看起来步骤很多,
实际很简单。可以试着做成不同形状。

材料 （直径17cm的圆蛋糕台,1个）

【果冻】
草莓…约7个
水…2大勺
明胶粉…6g

A ｜ 水…200mL
｜ 白砂糖…1大勺
柠檬汁…½大勺
蓝莓…13颗

【布丁】
草莓100g

B ｜ 鲜奶油、牛奶…各100mL
｜ 白砂糖…2⅓大勺
｜ 炼乳…1小勺
水…50mL
明胶粉…5g

做法

134

1 制作果冻。草莓去蒂,纵向切成两半。
2 将水倒入碗中,倒入明胶粉泡开,放入微波
  炉,600W加热20秒。
3 将材料A倒入锅中加热,沸腾前关火,倒入步
  骤2的液体,搅拌均匀。放入柠檬汁,继续搅
  拌,静置放凉。
4 将模具沾水,倒入步骤3中一半的液体,草莓
  切口朝上摆入模具中,穿插着摆入蓝莓。冷藏
  定形10分钟。继续倒入步骤3剩余的液体,再
  冷藏固定。
5 制作布丁。草莓去蒂,和材料B一起放入搅拌
  机中打碎。
6 将水倒入碗中,撒入明胶粉泡开。放入微波
  炉,600W加热30秒,再加入步骤5的果肉,
  继续搅拌。
7 步骤4的果冻成形后,倒入步骤6的液体,冷藏
  一晚ⓐ。

小贴士

ⓐ 从模具中取出布丁时,用
  温热的毛巾包住模具外
  周,慢慢脱模。

抹茶凉粉 ♡

不加抹茶的话就是普通凉粉，可以把水换成牛奶，做成牛奶凉粉。我喜欢什么都不加，直接吃。

材料（简单易做的量）

	水…300mL
A	淀粉…50g
	白砂糖…30g
	抹茶…2g
	黄豆粉…5大勺
B	白砂糖…2½大勺
	盐…¼小勺
蜜红豆…适量	

做法

1 将材料A放入锅中搅拌均匀ⓐ，中火加热，用木铲搅拌，煮至黏稠后转小火，变透明后关火，再继续搅拌1分钟。
2 准备1个容器，用水沾湿，倒入步骤1的材料，放入冰水中冷却ⓑ。
3 将凉粉从容器中取出，切成块。盛盘，淋上混合均匀的材料B，搭配蜜红豆。

小贴士

ⓐ 开火前一定要将材料搅拌均匀。
ⓑ 如果做完马上吃，用沾水的勺子挖成小块，直接放入冰水里冷却，然后充分沥干水分。不能冷藏保存，会失去弹性。

弹力十足

浓郁抹茶巧克力蛋糕挞 ♡

这是被人捧上天的一款蛋糕挞，用来送人非常棒。

材料（直径18cm的圆形蛋糕底，1个）

饼干…100g
化黄油…60g
白巧克力板ⓐ…约160g
A 鲜奶油ⓑ…200mL
牛奶…50mL
抹茶…4小勺
蛋液…1个鸡蛋的量

做法

1 将饼干放入保鲜袋中，用擀面杖碾碎，加入化黄油，搅拌均匀。倒入铺了烘焙纸的模具中，冷藏静置。白巧克力板切小块。
2 将材料A倒入锅中，煮沸后关火，放入白巧克力化开。抹茶粉过筛后撒入锅中，搅拌均匀。巧克力过滤后倒入碗中。
3 在碗中加入蛋液，充分搅拌均匀，倒入步骤1的模具中，放入170℃预热的烤箱里烤35分钟ⓒ。冷却后，将模具放入冰箱冷藏静置一晚，脱模后撒抹茶粉。

抹茶和巧克力的最强组合

小贴士

ⓐ 这里用的是D'asses白巧克力。
ⓑ 这个配方需要使用脂肪含量45%以上的鲜奶油。
ⓒ 烤制15分钟后，需要盖上锡纸防护，避免烤焦。烤出来是非常漂亮的抹茶色。

巧克力松饼 ♡

降低了面糊的甜度，质地非常松软，散发着巧克力香甜的气味。不光美味，看起来也非常豪华。

材料 （2人份）

鸡蛋…1个

A
牛奶（或豆浆）…
140mL
白砂糖…3大勺
色拉油…1大勺

B
低筋面粉…120g
可可粉（无糖）…30g
泡打粉…7g

色拉油…适量

【配料】

巧克力糖浆、黄油（均选
用）…各适量

做法

1. 鸡蛋打散，加入材料A，轻轻搅拌，倒入材料B，搅拌至没有余粉 ⓐ。
2. 小火热油 ⓑ，倒入⅛步骤1的面糊，边缘煎至成形后翻面，煎至熟透 ⓒ。剩下的面糊也同样操作。
3. 盛盘，根据个人口味淋巧克力糖浆，放上黄油。

小贴士

ⓐ 材料A和B都不要搅拌过度，会影响松软的口感。

ⓑ 锅中倒入色拉油后，用厨房纸巾将油在锅中延展开，会更好煎。

ⓒ 所需烹饪时间很短，所以要格外注意火候。

无须烤箱，
超级简单

小贴士

ⓐ 巧克力可以用最小火加热化开。

抹茶生巧蛋糕挞 ♡

只需搅拌和冷藏，真的不能再简单的生巧挞。不放抹茶就是白巧克力蛋糕挞。

材料 （直径7cm的蛋糕挞，7个）

白巧克力板…180g
鲜奶油…110mL
抹茶粉…3小勺
蛋糕挞底…7个

【涂层】

黑、白巧克力板…
各½块（55g）

【配料】

坚果、水果干、南瓜子
（均选用）…各适量

做法

1. 将白巧克力板切碎。
2. 将鲜奶油倒入锅中，煮至沸腾前关火，倒入步骤1的白巧克力碎和抹茶粉，放置2分钟后搅拌均匀 ⓐ。
3. 用勺子将步骤2的材料放入蛋糕挞底中，冷藏30分钟固定。
4. 制作涂层。将两种巧克力分别化开后倒入挞底中，然后再根据个人口味加入配料，冷藏定形。

焦糖苹果 ♡

裹着焦糖的苹果，再蘸化开的冰淇淋，一口就是酸甜滋味最美妙的平衡。

材料 （简单易做的量）

苹果（红苹果最佳）…
　　2个
柠檬汁…2小勺
水…1大勺
白砂糖…60g
人造黄油…20g
香草冰淇淋、薄荷叶…
　　各适量

做法

1 苹果去皮、去核，切成8块，放入碗中，倒入柠檬汁。
2 锅中倒入水和白砂糖，无须搅拌，直接中火加热，变成茶色的焦糖后关火，加入人造黄油化开。
3 放入步骤1的苹果，开中小火慢煮至水分蒸发。将焦糖苹果盛出，放在烘焙纸上，放凉。盛盘，搭配香草冰淇淋和薄荷叶。

小贴士

非常适合搭配可丽饼和酸奶，参照P139的松饼塔。焦糖一定要熬到茶色才有其特有的风味。

白砂糖和水放入锅中，不搅拌直接开火，更容易煮出茶色焦糖。

草莓牛奶布丁 ♡

在博客上大受欢迎的"只需混合冷藏的超简单食谱"系列里的一道。只需用搅拌机将所有材料搅拌即可。

材料 （100mL的杯子，6个）

A
｜ 草莓…150g
｜ 白砂糖…20g
｜ 炼乳…30g
｜ 牛奶、鲜奶油…
｜ 　各½杯
明胶粉…5g
水…3大勺
B
｜ 草莓、草莓酱、打发奶
｜ 油、香草…各适量

做法

1 明胶粉用水泡开。
2 将材料A倒入搅拌机中，搅拌至顺滑。
3 将泡好的明胶粉放入微波炉，600W加热30秒，倒入步骤2的搅拌机中，再次搅匀。
4 将搅拌均匀的材料倒入杯中，冷藏半天定形，搭配材料B。

全部混合搅拌，简单到家了

小贴士

没有一个步骤有难度。酸甜的草莓和炼乳搭配得当，即使卖相不太好的草莓也可以华丽变身成可爱的小甜点。

西点店风格的水果三明治 ♡

非常怀旧复古并且低糖的三明治。将奶油打发至偏硬的状态，做成三明治，裹上保鲜膜固定再切，可以防止变形。

材料 （3组）

切片吐司面包…6片
鲜奶油…1杯
A ┌ 白砂糖…1½大勺
　└ 炼乳（选用）…1小勺
黄桃（罐头）…3块
猕猴桃…1个
草莓…6个

做法

1 每块黄桃都切成4小块。猕猴桃去皮，切成5mm厚的片。草莓去蒂，纵向对半切开。
2 鲜奶油中加入材料A，打发至偏硬的奶油。
3 切片吐司面包切掉四周的皮，在3片上涂抹一半的奶油，再均匀地摆入步骤1的水果。剩下的奶油和面包按照以上步骤重复。
4 三明治两两叠起来，用保鲜膜将包紧，冷藏1小时。取出后带着保鲜膜沿对角线切开即可。

小贴士

作为小点心或休息日的早餐、早午餐都非常适合。前一天晚上做好冻起来，第二天早上就可以吃到美味的早餐了。

可以像图片一样将水果的横切面摆放整齐。

小贴士

面糊本身自带一点儿甜味，也可以搭配香肠和培根做成美式松饼。

原味松饼塔 ♡

光是看着就特别有食欲，像梦里出现的松饼蛋糕。面团做了减糖处理，所以可以放心地多加一点儿水果和奶油。松饼用保鲜膜包上，可以冷冻保存。

材料（4片）

低筋面粉…100g
泡打粉…3g

A
盐…1小捏
鸡蛋…1个
白砂糖…1½大勺
色拉油…2小勺

牛奶…80mL
香草精油…6滴
色拉油…适量

B
猕猴桃和香蕉等水果、打发奶油、焦糖糖浆、薄荷…各适量

做法

1 将低筋面粉和泡打粉混合过筛。

2 将材料 倒入碗中，用打蛋器轻轻搅拌，再倒入牛奶和香草精油，继续搅拌。倒入步骤1的面粉，搅拌至无余粉。

3 平底锅热油，将锅离火，用厨房纸巾将油涂匀，并吸走多余的油。

4 舀一勺步骤2的面糊放入锅中，中火煎至表面开始冒泡后翻面，小火再煎2分钟。剩余的面糊按照同样的方法重复制作。

5 和材料B一起盛盘。

随意创新的快手曲奇 ♡

不用模具，进烤箱前只需5分钟的制作时间。将原味面糊分成两份，分别做成红茶和巧克力口味。中间加点儿果酱，还可以做成夹心曲奇。

材料 （20片）

低筋面粉…100g
人造黄油…65g
白砂糖…30g
盐…1小捏
红茶茶叶（可从茶包中取出）…1袋
巧克力豆…适量

做法

1 先将烤箱180℃预热。
2 将人造黄油放入碗中，用微波炉600W加热10秒，使其变软。加入白砂糖、低筋面粉和盐，用刮刀搅拌均匀。将一半面糊倒入另一碗中，一个碗里加红茶茶叶，另一碗中加巧克力，搅拌均匀。
3 将面糊做成直径1cm的面坯，烤盘铺上锡纸，摆入曲奇面坯，放入烤箱烤12~15分钟。

> **小贴士**
> 用手边现成的材料就可以做，作为零食或送人都非常不错。巧克力豆换成切碎的巧克力板也可以。

蜂蜜黄油红薯年糕 ♡

蜂蜜和黄油混合在一起，咸香中带点儿甜，让人停不下嘴的年糕。减少了糖分，吃起来有点儿像御手洗丸子。还可以加上芝士或红豆沙作为内馅。

材料 （约15个）

红薯…1根（300g）
A {
淀粉…3大勺
蜂蜜（或白砂糖）…1½大勺
黄油（或人造黄油）…1½大勺
盐…2小捏
}
牛奶…1小勺
色拉油…少许

做法

1 红薯去皮，切成1cm见方的块。用耐热保鲜膜包住后放入微波炉，600W加热4分钟至红薯变软。
2 趁热将红薯捣碎，加入材料A，搅拌均匀，倒入牛奶（牛奶的量根据面团的软硬度酌情添加），再继续搅拌，做成圆球，压扁。
3 平底锅热油，放入年糕球，中火煎至金黄色，翻面再煎3分钟。

> **小贴士**
> 用平底锅就可以做的简单小甜点。健康美味，对身体很好，很受小朋友们的欢迎，一定要试试哦。

PART 11

POPULAR CHEESE CAKE

人人喜爱的芝士蛋糕

蛋糕中最容易创新且容易制作的，非芝士蛋糕莫属了吧。
于是我用芝士蛋糕做了很多种尝试，
制作"看起来花了点儿工夫"的芝士蛋糕。

草莓半熟芝士 ♡

在草莓收获的季节里一定会想做的一款、酸酸甜甜的半熟芝士蛋糕，外观和味道一样诱人。

材料（直径15cm的圆底，1个）

水…3大勺
明胶粉…9g
饼干…70g
可可粉（无糖）…10g
化黄油…40g
奶油芝士…200g
草莓…200g
A | 白砂糖…60g
  | 炼乳（或白砂糖）…15g
  | 柠檬汁…½大勺
鲜奶油…150mL
【装饰】
  | 草莓…18个
  | 果酱、薄荷叶…各适量

做法

1 将水倒入碗中，将明胶粉泡开。

2 饼干装入保鲜袋中，用擀面杖碾碎，将可可粉和化黄油混合均匀。烤盘铺上烘焙纸，将饼干碎铺在模具最底层，冷藏。将奶油芝士放入碗中，盖上耐热保鲜膜，用微波炉600W加热40秒ⓐ。

3 草莓去蒂，放入搅拌机中打成慕斯状，加入材料A搅拌均匀，再加入奶油芝士和鲜奶油一起搅拌均匀。

4 将步骤1的材料放入微波炉，600W加热30秒，倒入步骤3的材料中，快速搅拌均匀。

5 将步骤4的材料倒在饼干碎上，冷藏定形半天。将装饰用的草莓对半切开，摆在上面，在草莓表面涂上加热过的果酱增添光泽，放上薄荷叶。

小贴士

ⓐ 将奶油芝士软化，搅拌会更容易。

苹果芝士蛋糕 ♡

用一整个苹果做出来的芝士蛋糕，果香浓郁、
果汁充盈。苹果用微波炉就可以处理。

人气第一位的蛋糕

材料（直径18cm的蛋糕模具，1个）

饼干100g
化黄油…60g
奶油芝士…200g
苹果…1个

A
｜白砂糖…1½大勺
｜柠檬汁…1小勺

B
｜白砂糖…70g
｜鸡蛋…2个
｜低筋面粉…3大勺
｜柠檬汁…1~2大勺

鲜奶油…200mL
薄荷叶（选用）适量

做法

1 将饼干放入保鲜袋中，用擀面杖碾碎。加入化黄油，搅拌均匀，铺入垫有烘焙纸的模具中。奶油芝士放入碗中，用微波炉600W加热40秒。苹果削皮、去核，切成小三角块。

2 将苹果块放入碗中，加入材料A搅拌均匀，盖上耐热保鲜膜，用微波炉600W加热3分钟后取下保鲜膜，再加热3分钟ⓐ，放入过滤网中，用厨房纸巾吸干水分。

3 将材料B放入搅拌机，搅拌均匀，加入步骤1的奶油芝士和鲜奶油搅拌均匀，再放入步骤2的材料，搅拌均匀。

4 将步骤3的材料倒入模具中，放入170℃预热的烤箱中烤40分钟。放凉后脱模，切开，放上薄荷叶。

小贴士
ⓐ 用微波炉加热时，加点儿肉桂粉，更有苹果派的味道。

生巧半熟芝士 ♡

加一点儿明胶粉，巧克力在口中瞬间融化。一种全新口感的甜品，一定要试试。

材料（直径18cm的蛋糕模具，1个）

饼干…100g

A
｜可可粉（无糖）…10g
｜化黄油…60g

水…2大勺
明胶粉…5g
黑巧克力…2块（约100g）
奶油芝士…200g
鲜奶油…200mL
白砂糖…35g
白兰地（选用）…1小勺
可可粉（无糖）、打发奶油、
　巧克力酱…各适量

做法

1 将饼干放入保鲜袋中，用擀面杖碾碎。加入材料A搅拌均匀，铺入垫有烘焙纸的模具中。

2 水倒入碗中，放入明胶粉泡开。黑巧克力切碎。将奶油芝士放入碗中，盖上耐热保鲜膜，放入微波炉，600W加热40秒。

3 锅里放入鲜奶油加热，沸腾前关火，放入黑巧克力碎化开。

4 将步骤2的奶油芝士和白砂糖放入碗中，用搅拌器搅拌均匀，加入步骤3的材料和白兰地，再次搅拌均匀。将步骤2的明胶粉放入微波炉，600W加热30秒，搅拌均匀。

5 将步骤4的溶液倒入步骤1的模具中，冷藏一晚ⓐ。脱模后撒可可粉，用打发奶油和巧克力酱装饰。

小贴士
ⓐ 从冰箱里拿出来静置10分钟左右后，口感会更好，有入口即化的感觉。

神奇舒芙蕾芝士蛋糕 ♡

超简单的舒芙蕾芝士蛋糕。只需鸡蛋、巧克力和奶油芝士，就可以做出令人称赞的甜品。

材料（直径15cm的蛋糕模具，1个）

鸡蛋…3个
白巧克力块…135g
奶油芝士…140g

只需3种材料

做法

1 将鸡蛋蛋黄和蛋清分离ⓐ。白巧克力块切碎，隔水化开。将奶油芝士放入碗中，盖上耐热保鲜膜，放入微波炉，600W加热40秒。

2 将步骤1的巧克力和奶油芝士一起放入碗中，用搅拌器搅拌均匀。

3 制作蛋白霜。将蛋清倒入碗中，用搅拌器搅拌成蛋白霜ⓑ。

4 取⅓蛋白霜，倒入步骤2的碗中，用搅拌器搅拌均匀。将剩下的蛋白霜分两次倒入，用刮刀轻轻翻动搅拌后倒入模具中，振出气泡。

5 隔水烘焙。烤盘中倒入深1cm的水，放入模具，在170℃预热的烤箱中烤17分钟后，调至160℃再烤10分钟ⓒ。烤好后将蛋糕取出，放凉后盖上保鲜膜，放入冰箱冷藏一晚。

小贴士

ⓐ 如果将蛋清放入冰箱冷藏，能更好地打成蛋白霜。
ⓑ 制作蛋白霜时，一定要使用干净无油的搅拌头。
ⓒ 如果使用活底模具，要在底部铺上锡纸。

皇家奶茶芝士蛋糕 ♡

平衡了芝士原本的酸味、奶香十足的奶茶芝士蛋糕。用茶包就可以做，非常简单。

材料（直径18cm的蛋糕模具，1个）

饼干…100g
红茶茶包ⓐ…5包
化黄油…60g
奶油芝士…200g
鲜奶油…200mL
A 白砂糖…60g
鸡蛋…2个
低筋面粉…3大勺
薄荷叶（选用）…适量

被香气笼罩着的幸福

做法

1 将饼干放入保鲜袋中，用擀面杖碾碎。取1个茶包，将其中的茶叶取出，和化黄油一起搅拌均匀，倒入铺有烘焙纸的模具中。

2 将奶油芝士放入碗中，盖上耐热保鲜膜，放入微波炉，600W加热40秒。

3 将鲜奶油和3个茶包，还有1袋茶包中的茶叶ⓑ一起放入锅中，小火煮3分钟ⓒ，关火后静置5分钟，取出茶包。

4 将材料A倒入搅拌机中搅拌均匀ⓓ。再加入步骤2的奶油芝士和步骤3材料，搅拌均匀。

5 将步骤4的材料倒入模具，放入170℃预热的烤箱中烤40分钟。放凉后盖上保鲜膜，冷藏一晚。蛋糕取出后切块，放上薄荷叶装饰。

小贴士

ⓐ 红茶用任何种类都可以。
ⓑ 加1包茶叶碎在蛋糕里，既可提香，又可以更美观。
ⓒ 煮茶包时用木铲边压边煮。
ⓓ 加1勺柠檬汁，口感会更加清爽。

芝士蛋糕条 ♡

将芝士蛋糕做成条形，非常新颖可爱。可以包装一下，作为礼物送朋友。

材料（20cm见方的蛋糕模具，1个）

饼干…100g
可可粉（无糖）…10g
化黄油…60g
奶油芝士…200g

A
白砂糖…75g
鸡蛋…2个
低筋面粉…3大勺
柠檬汁…2大勺

鲜奶油…200mL
杏酱、薄荷叶（均选用）…
各适量

做法

1 将饼干放入保鲜袋中，用擀面杖碾碎。将可可粉与化黄油混合在一起，搅拌均匀，倒入铺有烘焙纸的模具中，放入冰箱冷藏。将奶油芝士放入碗中，盖上耐热保鲜膜，用微波600W加热40秒。

2 将材料A倒入搅拌机中，搅拌均匀。加入步骤1的奶油芝士和鲜奶油，继续搅拌均匀。

3 将步骤2的材料倒入步骤1的模具中，放入170℃的烤箱中烤40分钟。放凉后盖上保鲜膜，放入冰箱冷藏一晚。根据个人口味涂上加热的杏酱 ，将蛋糕切成条，放薄荷叶装饰。

小贴士
ⓐ 顶部涂果酱可以防止蛋糕干燥，而且看起来更有光泽。

小贴士
ⓐ 即使没有饼干碎也很好吃。
ⓑ 加入抹茶粉后可以将蛋糕糊凝固成形。
ⓒ 放凉后盖上保鲜膜，冷藏一晚后再吃口感更佳。

提拉米苏风抹茶芝士蛋糕 ♡

无须芝士的简易版提拉米苏，蛋糕的大理石纹路制作起来也非常简单。

材料（直径18cm的蛋糕模具，1个）

饼干…100g
化黄油…60g
奶油芝士…200g

A
白砂糖…75g
鸡蛋…2个
低筋面粉…3大勺

鲜奶油…200mL
抹茶粉…2小勺

做法

1 将饼干放入保鲜袋中，用擀面杖碾碎 ⓐ，倒入碗中，加入化黄油搅拌均匀，倒入铺有烘焙纸的模具中，放入冰箱冷藏。奶油芝士放入碗中，盖上耐热保鲜膜，放入微波炉，600W加热40秒。

2 将材料A放入搅拌机中搅拌均匀，加入步骤1的奶油芝士和鲜奶油，再次搅拌均匀。

3 将80g步骤2的材料到入另一碗中，撒抹茶粉，搅拌均匀 ⓑ。

4 将步骤2剩余的材料倒入模具中，在上面螺旋形加入步骤3的材料，然后用勺子从底部向上翻动几次，做出纹路。

5 放入170℃预热的烤箱中烤40分钟 ⓒ。

香浓的味道
让人欲罢不能

芝士和桃子
相得益彰

桃子芝士蛋糕 ♡

用罐装黄桃罐头做出来的芝士蛋糕，柔软
细腻、果味十足，果肉和果汁都可以派上用场。

材料（直径18cm的蛋糕模具，1个）

饼干…100g
化黄油…60g
奶油芝士…200g
黄桃（罐头）…250g

A
白砂糖…40g
鸡蛋…2个
罐头汁…70mL
低筋面粉…3大勺
柠檬汁…½大勺

鲜奶油…100mL
薄荷叶（选用）…适量

做法

1 将饼干放入保鲜袋中，用擀面杖碾碎。加入化黄油，搅拌均匀，倒入铺有烘焙纸的模具中。将奶油芝士放入碗中，盖上耐热保鲜膜，放入微波炉，600W加热40秒。取2块黄桃（100g），切成薄片作装饰用。

2 将3块黄桃（150g）放入搅拌机中，打成慕斯状。

3 将材料A倒入步骤2中，加入步骤1中的奶油芝士和鲜奶油，再次混合均匀。

4 将步骤3中的材料倒入模具中，顶部摆上装饰用的黄桃片，放入180℃预热的烤箱中烤50分钟 ⓐ。放凉后盖上保鲜膜，放入冰箱冷藏一晚。取出后切块、装盘，放上薄荷叶 ⓑ。

小贴士

ⓐ 作为装饰的黄桃片不要插入蛋糕，平放更好看。蛋糕刚烤完时会有点儿鼓胀，放凉后就平了。

ⓑ 黄桃烤后口感非常柔软细腻。

蜂蜜柠檬半熟芝士 ♡

蜂蜜半熟芝士味道非常柔和，作为母亲节的礼物送给妈妈，一定会让她高兴极了。

材料（20cm见方的模具，1个）

饼干…100g
可可粉（无糖）…10g
化黄油…60g
水…3大勺
明胶粉…7g
奶油芝士…200g
鲜奶油…200mL
蜂蜜…65g
柠檬汁…1大勺
扇形柠檬片、薄荷叶（选用）…各适量

做法

1 将饼干放入保鲜袋中，用擀面杖碾碎。加入可可粉和化黄油，搅拌均匀，倒入铺了烘焙纸的模具中，放入冰箱冷藏。

2 将水倒入碗中，撒入明胶粉，泡开。奶油芝士放入碗中，盖上耐热保鲜膜，放入微波炉，600W加热40秒。鲜奶油用搅拌器打发。

3 将步骤2的奶油芝士和蜂蜜倒入碗中，用搅拌器搅拌均匀。加入鲜奶油和柠檬汁再次搅拌。将步骤2的明胶放入微波炉，600W加热30秒，搅拌均匀。

4 将步骤3的溶液混合，倒入模具中，放入冰箱冷藏一晚。取出后切块、盛盘，放上柠檬片和薄荷叶。

PART 12

EASY & COLD SWEETS

简单美味的冰甜品

布丁、慕斯、果冻等，只需混合后冷藏即可的亮晶晶小甜品，
在博客里也是反响较好的一个系列。
虽然简单，但是也花了些心思，非常受女孩子欢迎。
对于甜品新手来说，非常适合练手。

满满橘子果肉的
酸奶布丁 ♡

用橘子罐头和酸奶做的一款甜点。超多橘子果肉，
吃起来汁水充足、细腻柔软。

148

小贴士

ⓐ 在炎热的夏天如果需要将
布丁外带，明胶粉的用量
需要增加2g。

ⓑ 可根据个人口味决定橘子
果肉的粉碎程度，我个人
喜欢比较碎的口感。

材料 （80mL的小杯子，10个）

橘子罐头…1罐（425g）
罐头汁…3大勺
明胶粉ⓐ…8g
原味酸奶（无糖）…1盒（450g）
白砂糖…3大勺
【装饰】
　橘子果肉…适量
　蓝莓、薄荷叶（均选用）…
　　各适量

做法

1 将3大勺罐头汁倒入碗中，撒入明胶粉，泡开。

2 将橘子果肉和剩下的罐头汁倒入碗中，用打蛋
器将果肉碾碎ⓑ，再倒入原味酸奶，继续搅拌。

3 将步骤1的材料放入微波炉，600W加热30
秒，再加入白砂糖混合搅拌，倒入步骤2的碗
中搅拌。

4 将步骤3的材料倒入模具中，放入冰箱冷藏、
凝固。取出后在布丁上放橘子果肉，然后放入
蓝莓和薄荷叶。

入口即化的奶油巧克力布丁 ♡

和下面"弹弹的巧克力布丁"是姐妹款。入口即化，奢华的装饰是这款巧克力布丁的特点。

材料 （100mL的小杯子，7个）

巧克力块 …1½块（约85g）
牛奶…300mL
明胶粉…5g
鲜奶油 ⓑ（或牛奶）…200mL
【装饰】
鲜奶油、巧克力酱…各适量

做法

1 将巧克力块切碎。
2 牛奶倒入锅中加热，煮沸前关火，撒入明胶粉化开。放入巧克力碎和鲜奶油，搅拌均匀。
3 液体放凉并黏稠后倒入杯中，放入冰箱冷藏ⓒ。最后在顶部挤上打发的鲜奶油和巧克力酱。

小贴士
ⓐ 任意品种的巧克力都可以。
ⓑ 加上鲜奶油，更有入口即化的口感。
ⓒ 倒入杯子前过滤一下，口感更顺滑。

弹弹的巧克力布丁 ♡

无须烤箱和蒸笼，混合搅拌后冷却即可。10分钟就可以完成的超水准巧克力布丁。

材料 （80mL的小杯子，5个）

巧克力块ⓐ…1½块（约85g）
A ｜ 牛奶…250mL
｜ 鲜奶油（或牛奶）50mL
明胶粉…5g
【装饰】
鲜奶油、草莓、蓝莓、薄荷叶…各适量

做法

1 将巧克力块切碎。
2 将材料A倒入锅中加热，沸腾前关火，撒入明胶粉化开。再将巧克力碎倒入锅中化开，搅拌均匀ⓑ。
3 锅底变凉、液体变黏稠后倒入杯中，放入冰箱冷藏凝固ⓒ。取出后在顶部挤上打发鲜奶油，放去蒂、切块的草莓，蓝莓以及薄荷叶。

小贴士
ⓐ 任意品种的巧克力都可以。
ⓑ 如果巧克力不容易化，可以开小火帮助其化开。
ⓒ 倒入杯前先过滤一下，口感会更顺滑。

入口即化的抹茶布丁 ♡

入口即化的口感让人上瘾，做了好多种口味，抹茶有一种独特的成熟味道。

材料 （80mL的杯子，6个）

A ｜ 开水、抹茶粉…各1½大勺
｜ 牛奶（或豆浆）200mL
B ｜ 白砂糖…40g
｜ 盐…1小捏ⓐ
明胶粉…5g
鲜奶油（或牛奶）180mLⓑ
【装饰】
鲜奶油、水煮红豆（罐头）、抹茶粉…各适量

做法

1 将材料A倒入碗中，充分搅拌均匀。
2 在锅中将材料B和步骤1的材料混合均匀，加热，煮沸前关火。撒明胶粉化开。再倒入鲜奶油搅拌均匀。
3 锅底变凉、液体变黏稠后倒入杯中，放入冰箱冷藏凝固。取出后在顶部挤上打发的鲜奶油，放上水煮红豆，撒上抹茶粉。

小贴士
ⓐ 加一点儿盐可以让味道层次分明。
ⓑ 喜欢更柔软的口感，可以将鲜奶油的用量调整到200mL。

皇家奶茶布丁 ♡

奶油质感、香浓丝滑的奶茶布丁，做出来的确入口即化。

材料（100mL的杯子，6个）

水…100mL
红茶茶包…3包
A 牛奶…300mL
　 白砂糖…3大勺
明胶粉…5g
鲜奶油（或牛奶）150mL
【装饰】
　鲜奶油、焦糖糖浆（选用）、
　薄荷叶…各适量

做法

1 将水倒入锅中，加热至沸腾后关火，放入红茶茶包，泡4分钟后取出 ⓐ。

2 加入材料A，再次开火，加热至沸腾前关火，撒入明胶粉，化开。倒入鲜奶油，搅拌均匀。

3 放凉后倒入杯中，放入冰箱冷藏凝固。取出后在顶部挤上打发的鲜奶油，根据个人口味淋上焦糖糖浆，放上薄荷叶。

小贴士

ⓐ 由于水的用量不多，泡茶时需要将锅倾斜一点儿，尽量让茶包都浸泡到。

奶油芝士布丁 ♡

和浓厚的半熟芝士不同，这款布丁牛奶的味道更明显。无须淡奶油，芝士可以根据个人口味选择。

材料（80mL的杯子，6个）

奶油芝士…100g
A 牛奶…400mL
　 白砂糖…35g
明胶粉…5g
柠檬汁…1小勺
【装饰】
　果酱、鲜奶油、猕猴桃、樱桃…各适量

做法

1 将奶油芝士放入碗中，盖上耐热保鲜膜，微波炉600W加热30秒。用刮刀搅拌至奶油状。

2 将材料A放入锅中，加热至沸腾前关火，撒入明胶粉搅拌并泡开。一点点倒入步骤1的碗中，搅拌均匀，再加入柠檬汁继续搅拌。

3 锅底冷却、液体变黏稠后倒入杯中，冷藏凝固。取出后在顶部淋上果酱，挤上打发的鲜奶油，放切扇形片的猕猴桃和樱桃装饰。

日式糯米丸子酱油汁豆乳布丁 ♡

大家熟识的一款布丁，日式糯米丸子的酱油汁和豆乳布丁的奇妙组合。当然，仅仅是豆乳布丁就已经很好吃了。

材料（80mL的杯子，6个）

A 豆浆…350mL
　 白砂糖…20~25g
明胶粉…5g
鲜奶油（或牛奶）100mL
　 水…100mL
B 白砂糖…2大勺
　 酱油…1大勺
　 淀粉…½大勺

做法

1 将材料A倒入锅中搅拌均匀，开火煮至沸腾前关火，撒入明胶粉泡开。倒入鲜奶油搅拌，放凉后倒入杯中，放入冰箱冷藏凝固。

2 将材料B倒入锅中搅拌均匀，边煮边持续搅拌，煮至液体透明后关火，放凉。

3 将步骤2的酱油汁倒入步骤1的布丁中。

樱花牛奶布丁 ♡

樱花馅比牛奶要沉一些，所以在杯子中会自然下沉，形成两层。花了一些心思的一款甜品。

材料（80mL的杯子，7个）

牛奶…350mL
白砂糖…1大勺
明胶粉…5g
樱花馅100g
鲜奶油…100mL
【装饰】
鲜奶油、盐渍樱花、薄荷叶…各适量

做法

1. 锅里放入100mL牛奶和白砂糖，煮至沸腾前关火，撒入明胶粉，搅拌并泡开，最后再加入樱花馅、剩余的牛奶和鲜奶油，搅拌均匀。
2. 趁热倒入杯中，放入冰箱冷藏 a 。
3. 在布丁顶部挤上打发的鲜奶油，放冲洗过的盐渍樱花和薄荷叶装饰 b 。

小贴士

a 室温较低或冬天时，将材料最后开火加热一下，再倒入杯子里。
b 盐渍樱花用水洗后擦干，再用微波炉600W加热10秒，花瓣就展开了。

橘子果粒果冻 ♡

用便宜的橘子罐头做的小甜点，超多果肉和汁水，一定要试一试。

材料（80mL的杯子，7个）

橘子（罐头）1罐（约425g）
A 水…150g
白砂糖…3大勺
明胶粉…7g
柠檬汁（选用）1小勺
【装饰】
鲜奶油、樱桃…各适量

做法

1. 将橘子罐头连果肉带汁水一起倒入碗中，用搅拌器将果肉捣碎 a 。
2. 将材料A倒入锅中，煮至沸腾前关火，撒入明胶粉搅拌，泡开。将步骤1的材料全部倒入锅中，根据个人口味加入柠檬汁。
3. 锅底放凉、液体变黏稠后 b 倒入杯中，放入冰箱冷藏、凝固。取出后在顶部挤上打发的鲜奶油，放樱桃装饰。

小贴士

a 橘子果肉的大小可根据个人口味调整，我喜欢碎一点儿的。
b 锅底放凉、液体变黏稠后，橘子果肉会铺开。

蜜桃果冻 ♡

用桃子罐头做的超多果肉的桃子果冻，做法超级简单，无须搅拌机即可完成。

材料（80mL的杯子，8个）

黄桃（罐头）1罐（425g）
A 水…250mL
白砂糖…1½大勺
明胶粉…5g
柠檬汁…1大勺
【装饰】
鲜奶油、樱桃、柠檬、薄荷叶…各适量

做法

1. 将黄桃罐头的果汁和果肉分开 a ，果肉切成1cm见方的块。
2. 将材料A和步骤1的材料一起倒入锅中，煮至沸腾前关火，撒入明胶粉，泡开。
3. 锅底放凉、液体变黏稠后将步骤1的果肉和柠檬汁倒入锅中搅拌均匀 b 。倒入杯中，放入冰箱冷藏并凝固。取出后在顶部挤上打发的鲜奶油，放樱桃、切片的柠檬和薄荷叶装饰。

小贴士

a 取160mL罐头汁，如果不够可以加水。
b 液体变黏稠后再加入果肉，这样果肉不会全部沉底，部分悬在中间会更好看。

小贴士

a 将杯子斜着放入容器里冷藏，这样就可以得到照片上斜面的效果了。

小贴士

a 从冰箱拿出来静置10分钟会更好吃。

小贴士

a 如果没有冷却，液体倒入后会分层。

一次做出
2种口味

杏仁豆腐和意式鲜奶冻 ♡

入口即化的杏仁豆腐和意式鲜奶冻制作一气呵成，非常适合喜欢偷懒的朋友们。

材料（80mL的杯子，6个）

A | 牛奶…350mL
　| 白砂糖…2½大勺

明胶粉…5g　鲜奶油…150mL

杏仁精油…10滴

【果冻】

水…1大勺　明胶粉…2~3g

B | 水…100mL
　| 白砂糖…10g

柠檬汁…1小勺

【装饰】

草莓、蓝莓、橘子罐头（均选用）…各适量

做法

1 制作意式鲜奶冻和杏仁豆腐。将材料A倒入锅中加热，沸腾前关火，撒入明胶粉搅拌，泡开，然后加入鲜奶油，搅拌均匀。取一半材料滴入杏仁精油并搅拌均匀，用于制作杏仁豆腐。

2 将步骤1的材料倒入杯中，放入冰箱冷藏半天，定形 a。

3 制作果冻。将水倒入碗中，撒入明胶粉搅拌并泡开，微波炉600W加热10秒。

4 将材料B倒入锅中，煮至沸腾前关火，将步骤3的明胶液体倒入锅中搅拌，再加入柠檬汁，搅拌均匀。

5 锅底放凉后，在步骤2的杯中根据个人口味放上不同的装饰材料，然后将步骤4的材料倒入杯中，放入冰箱冷藏2小时。

完美复刻的香草酸奶 ♡

完美复刻出深受大家喜爱的香草酸奶，一定要试试哦。

材料（110mL的杯子，8个）

A | 牛奶…300mL
　| 白砂糖…85g

明胶粉…8g

B | 原味酸奶（无糖）…1盒（400g）
　| 鲜奶油（或牛奶）…100mL
　| 柠檬汁（选用）…1小勺
　| 香草精油…适量

【装饰】

蓝莓酱、鲜奶油、薄荷叶…各适量

做法

1 将材料A倒入锅中，煮至沸腾前关火，撒入明胶粉，泡开。

2 在步骤1中的材料中加入材料B，搅拌均匀，倒入杯中，放入冰箱冷藏、定形。取出后在顶部倒入蓝莓酱，放上打发的鲜奶油和薄荷叶装饰 a。

可尔必思牛奶布丁 ♡

清爽的可尔必思和丝滑香醇的牛奶完美搭配，是大家最喜爱的口味。

材料（100mL的杯子，6个）

牛奶…300mL　明胶粉…5g

鲜奶油…100mL

可尔必思（浓缩）…130mL

柠檬汁（选用）…2小勺

【装饰】

黄桃罐头、鲜奶油、薄荷叶…各适量

做法

1 锅里倒入牛奶，煮至沸腾前关火，撒入明胶粉，泡开，加入鲜奶油充分搅拌。

2 将锅底浸入冰水中，冷却后倒入可尔必思和柠檬汁，搅拌均匀 a。

3 将液体倒入容器中，放入冰箱冷藏。取出后在顶部放入黄桃，放上打发的鲜奶油和薄荷叶装饰。

香蕉摩卡玻璃杯蛋糕 ♡

用海绵蛋糕成品来做，会非常轻松简单。受欢迎的玻璃杯蛋糕，其实就是将材料一层层叠加起来的。

材料 （480mL的玻璃瓶，1个）

香蕉…1根
柠檬汁…1小勺
A ｜ 鲜奶油…80mL
 ｜ 白砂糖…1大勺
B ｜ 速溶咖啡、开水…各2小勺
巧克力海绵蛋糕（直径15cm）…
 ½块（约60g）
巧克力糖浆…3小勺
薄荷叶（选用）…适量

做法

1 香蕉切成1cm厚的圆片，淋柠檬汁。
2 将材料 倒入碗中，用电动打蛋器打发至七成 a 。将材料 搅拌均匀倒入碗中，继续打发至八成，做成摩卡奶油 b 。
3 在玻璃杯底部铺上⅓的巧克力海绵蛋糕，倒入1小勺巧克力糖浆，再依次放入香蕉和摩卡奶油。重复以上动作，最后放薄荷叶。

小贴士

ⓐ 七成打发是指提起打蛋器时，奶油会缓缓滑落的状态。
ⓑ 八成打发是指提起打蛋器时，会有弯弯的奶油尖的状态。

蜜桃香草酸奶果冻 ♡

将大家喜欢的香草酸奶进行改造，放入一整罐桃子罐头，吃起来特别清爽。

材料（120mL的杯子，7个）

黄桃（罐头）…1罐（425g）
水…3大勺
明胶粉…7g
A｜原味酸奶（无糖）…200g
　｜白砂糖…2大勺
香草精油…15滴
薄荷叶…适量

做法

1 将2块黄桃切成薄片，留作装饰用。
2 将水倒入碗中，撒入明胶粉，搅拌并泡开。
3 将材料A和剩下的黄桃连着果汁一起倒入搅拌机中，搅拌至顺滑。
4 将步骤2的材料放入微波炉，600W加热30秒，倒入步骤3的搅拌机中，滴入香草精油，搅拌均匀 ⓐ。倒入杯子中，放入冰箱冷藏定形。
5 将步骤1的黄桃摆在顶部 ⓑ，放薄荷叶装饰。

小贴士
ⓐ 推荐再倒1小勺柠檬汁，这样口感更加清爽，和香草精油一起加入即可。
ⓑ 装饰用的黄桃片一片片错开叠放，更像玫瑰花的样子，非常可爱。

晶莹剔透的日式豆腐糯米丸子 ♡

将糯米粉和豆腐做成面团，放入冰箱冷藏一天，口感超有弹性、超好吃！

材料（2人份）

A｜嫩豆腐…⅔块（190g）
　｜白玉粉…150g
抹茶粉…2小勺
【装饰】
水煮红豆…165g
樱桃（罐头）、罐头汁…各适量

做法

1 将材料A放入碗中，揉成面团，分成2份 ⓐ，一份中加抹茶粉，揉匀。然后分别做成若干直径1.5cm的小丸子 ⓑ。
2 锅里加水煮沸，放入步骤1的小丸子，煮至丸子漂浮上来后再煮1分钟，捞出放入冰水中，充分冷却后捞出控水。盛盘，放入水煮红豆和樱桃，淋罐头汁 ⓒ。

小贴士
ⓐ 如果不易成团，可以再加一点儿豆腐。
ⓑ 没有加抹茶的面团里可以加一点儿食用红色素，粉粉的颜色很可爱。
ⓒ 应尽快吃完。

摩卡果冻特饮 ♡

便利店里受欢迎的果冻饮料，在家也可以简单制作。可以将咖啡换成红茶或抹茶，也很好喝。

材料 （简单易做的量）

A	水…400mL
	白砂糖…3大勺
	速溶咖啡…2大勺
明胶粉…6g
牛奶…适量
炼乳（选用） ⓐ …适量

做法

1. 将材料A倒入锅中，开火，搅拌均匀。
2. 煮沸前关火，撒入明胶粉，搅拌并泡开。
3. 将煮好的液体倒入料理盒中，放入冰箱冷藏半天，定形后切成适口小块，放入杯中，倒入牛奶，根据个人口味加点儿炼乳。轻轻搅拌，插上一根粗吸管即可。

小贴士

ⓐ 如果没有炼乳，用糖浆和鲜奶油也可以。

味道好极了

3分钟快手橘子酸奶布丁 ♡

只要有橘子罐头和微波炉，只需3分钟就可以做好。最后呈现的味道还有桃子的感觉。

材料 （200mL的杯子，5个）

水…3大勺
明胶粉…7g
橘子罐头…1大罐（425g）
白砂糖…2½大勺
原味酸奶（无糖）…
　　200g
【装饰】
　橘子果肉（选用）、
　薄荷叶…各适量

做法

1. 将水倒入碗中，撒入明胶粉搅拌，泡开。
2. 将橘子果肉和果汁一起倒入搅拌机中，加入白砂糖，搅拌顺滑，再加入原味酸奶，搅拌均匀。
3. 将步骤1的材料用微波炉600W加热30秒，倒入搅拌机中继续搅拌。
4. 倒入杯子中，放入冰箱冷藏定形。放入橘子果肉和薄荷叶装饰。

水果罐头
太好吃啦

橙子西柚双拼
水果果冻 ♡

用橙子和西柚原本的果皮来盛装的果冻，加一点儿
糖是整体风味提升的重点。

材料 （各2个）

橙子…1个（240g）
西柚…1个（280g）
橙汁、西柚汁（均为100%
　　果汁）…各适量

A | 白砂糖…1⅓大勺
　| 琼脂…2g

B | 白砂糖…2大勺
　| 琼脂…2g

做法

1　将橙子和西柚对半切开。用勺子插入果肉和果
　　皮之间，将果肉和果皮分离，果肉挤出果汁。
　　将果皮上的果肉和薄膜撕干净，果皮作为容器
　　使用。

2　在步骤1挤出的橙汁中再加入适量橙汁，总计
　　180mL。

3　在步骤1挤出的西柚汁中再加入适量西柚汁，
　　总计200mL。

4　准备两个锅，其中一个倒入步骤2的材料和材料
　　A，另一个倒入步骤3和材料B，中火加热并搅
　　拌均匀。沸腾后转小火，继续煮2分钟，关火。

5　步骤4的材料冷却后，分别倒入不同的容器中，
　　放入冰箱冷藏1小时以上，取出后切开即可。

松软绵密的巧克力慕斯 ♡

松软绵密、入口即化的慕斯，材料只需巧克力和鲜奶油两种，非常适合嫌麻烦的朋友们。

小贴士

ⓐ 根据个人口味选择巧克力即可。
ⓑ 只需冷藏30分钟。

材料 （80mL的杯子，7个）

鲜奶油…200mL
巧克力 ⓐ …2块（约100g）
【装饰】
　鲜奶油（选用）、草莓、蓝莓、薄荷叶…
　各适量

做法

1 取一半鲜奶油，用打蛋器打发至八成。
2 将巧克力切碎。
3 将巧克力碎和剩余鲜奶油倒入碗中，用微波炉600W加热1分钟，搅拌均匀。
4 步骤3的材料冷却后，加入步骤1的打发奶油，搅拌均匀，倒入杯中，放入冰箱冷藏30分钟以上，定形 ⓑ 。取出后放上打发的鲜奶油、草莓、蓝莓和薄荷叶装饰。

奶油盒子蛋糕 ♡

随意涂抹鲜奶油，草莓随意摆放即可，用勺子挖着吃，非常随意却很好吃的一款蛋糕。

材料（20cm见方的盒子，1个）

A
| 白砂糖…2大勺
| 开水…1大勺
| 白兰地（选用）…1小勺

B
| 鲜奶油ⓐ…200mL
| 白砂糖…1½大勺

海绵蛋糕（直径15cm）…1个
草莓…9个
蓝莓、薄荷叶…各适量

做法

1 将材料A倒入碗中混合，制成糖浆。
2 将材料B倒入碗中，用打蛋器打发至八成。
3 将一半海绵蛋糕撕成小块，铺在容器底部。淋一半步骤1的材料，涂一半步骤2的材料，摆上一半切成片的草莓，再铺上剩余的海绵蛋糕，按照顺序重复以上步骤。
4 最后摆上草莓片和蓝莓，放薄荷叶装饰。

小贴士
ⓐ 如果喜欢奶油多一点儿的话，可以根据个人口味增加用量。

放入玻璃杯中就是玻璃杯蛋糕

蜂蜜柠檬苹果果冻 ♡

做法非常简单，无须搅拌机也无须料理机的一款苹果果冻。

材料（110mL的杯子，6个）

苹果…1个（300g）
柠檬汁…2大勺
A
| 水…350mL
| 蜂蜜…60g
明胶粉…5g
【装饰】
| 苹果、薄荷叶…各适量

做法

1 苹果切成1cm见方的小块，和1大勺柠檬汁一起放入碗中，用微波炉600W加热3分钟。
2 将材料A倒入锅中加热，沸腾前关火，撒入明胶粉搅拌，泡开。将剩余的柠檬汁和步骤1的材料连果肉带果汁一起倒入锅中，搅拌均匀ⓐ。
3 锅底冷却、液体变黏稠后ⓑ倒入杯中，放入冰箱冷藏定形。取出后在顶部放上切成兔子耳朵形状的苹果片和薄荷叶装饰。

小贴士
ⓐ 苹果放入微波炉加热后会有果汁渗出。
ⓑ 锅底冷却、液体黏稠后，果肉就不会全部沉底，而是悬浮在容器中。

纯白色入口即化的
生巧芝士蛋糕♡

添加一点儿明胶粉，巧克力在口中有入口即化的口感，是一款口感非常新颖的甜点。

材料（直径15cm的蛋糕模具，1个）

饼干70g

A ｜ 化黄油…35g
｜ 可可粉…7g

鲜奶油…200mL
白巧克力2块（约80g）
奶油芝士…200g
白砂糖…30g
香草精油…15滴
水…2大勺
明胶粉…6g
糖粉…适量

【装饰】
｜ 草莓、蓝莓（均选用）…
｜ 各适量

做法

1 将饼干放入保鲜袋中，用擀面杖碾碎，加入材料A，混合均匀，倒入铺有烘焙纸的模具中，做成蛋糕底。

2 将鲜奶油倒入锅中加热，煮沸前关火，倒入切碎的白巧克力块，搅拌至化开。

3 将奶油芝士放入碗中，盖上耐热保鲜膜，用微波炉600W加热40秒 ⓐ。倒入白砂糖，用手持搅拌机（或打蛋器）搅拌均匀，加入步骤2的材料和香草精油，继续搅拌均匀 ⓑ。

4 将水倒入步骤3的碗中，加入明胶粉搅拌，泡开，用微波炉600W加热30秒，搅拌均匀。

5 将步骤4的材料倒入步骤1的模具中，放入冰箱冷藏4小时以上。取出脱模后筛一层糖粉，摆上草莓和蓝莓装饰。

小贴士

ⓐ 奶油芝士变软后会更好操作。

ⓑ 可以加1小勺柠檬汁，吃起来会更清爽。

蓝莓燕麦半熟芝士
玻璃杯蛋糕♡

无须明胶粉，超级简单的半熟芝士蛋糕。加入燕麦，作为零食或早餐都非常不错。

材料（480mL的玻璃杯，1个）

奶油芝士…100g
蓝莓果酱…4½大勺

A ｜ 鲜奶油…100mL
｜ 白砂糖…20g

柠檬汁…1小勺
水果燕麦片…60g

【装饰】
｜ 蓝莓、薄荷叶…适量

做法

1 将奶油芝士放入碗中，盖上耐热保鲜膜，用微波炉600W加热20秒。

2 将步骤1的材料和蓝莓果酱各取1½大勺，放入碗中，搅拌均匀。

3 在另一碗中倒入材料A，用搅拌器打发至八成后倒入步骤2的碗中，加入柠檬汁，一起搅拌均匀。

4 在玻璃杯底部撒上一半水果燕麦片打底，倒入步骤3的材料和蓝莓果酱，按照这个顺序重复摆放，填满杯子，最后放薄荷叶和蓝莓装饰。

图书在版编目（CIP）数据

咖啡馆超人气轻食简餐248款 /（日）瑞希著；马达
译. —北京：中国轻工业出版社，2024.3
ISBN 978-7-5184-2816-8

Ⅰ.①咖… Ⅱ.①瑞… ②马… Ⅲ.①食谱 Ⅳ.
① TS972.12

中国版本图书馆 CIP 数据核字（2019）第 265238 号

责任编辑：胡　佳　　责任终审：张乃东　　设计制作：锋尚设计
责任校对：朱燕春　　责任监印：张京华

出版发行：中国轻工业出版社（北京鲁谷东街 5 号，邮编：100040）
印　　刷：北京博海升彩色印刷有限公司
经　　销：各地新华书店
版　　次：2024年3月第1版第2次印刷
开　　本：889×1194　1/16　印张：10
字　　数：200 千字
书　　号：ISBN 978-7-5184-2816-8　定价：59.80元
邮购电话：010-85119873
发行电话：010-85119832　010-85119912
网　　址：http://www.chlip.com.cn
Email：club@chlip.com.cn
版权所有　侵权必究
如发现图书残缺请与我社邮购联系调换
240374S1C102ZYW